技工院校一体化课程教学改革 数控加工 / 机床切削加工 专业教材

产品质量检测

人力资源和社会保障部教材办公室组织编写

中国劳动社会保障出版社

内容简介

本书主要内容包括轴的检测、端盖的检测、齿轮的检测和信笺笔座的检测四个学习任务。

图书在版编目(CIP)数据

产品质量检测/人力资源和社会保障部教材办公室组织编写. —北京：中国劳动社会保障出版社，2013

技工院校一体化课程教学改革数控加工/机床切削加工专业教材

ISBN 978－7－5167－0230－7

Ⅰ.①产… Ⅱ.①人… Ⅲ.①机床-工业产品-质量检查-技工学校-教材 Ⅳ.①TG5

中国版本图书馆 CIP 数据核字(2013)第 019799 号

中国劳动社会保障出版社出版发行

（北京市惠新东街1号　邮政编码：100029）

出版人：张梦欣

*

北京市艺辉印刷有限公司印刷装订　新华书店经销

787毫米×1092毫米　16开本　9.5印张　168千字

2013年1月第1版　2025年12月第15次印刷

定价：39.00元

营销中心电话：400-606-6496

出版社网址：http://www.class.com.cn

http://jg.class.com.cn

技工院校一体化课程教学改革教材编委会名单

编审人员

主　编：张　良

参　编：钱晓平　普　涛　曾令勋　张利军　李彤亚　杜立波

主　审：严　勇

顾　问：朱永亮　张利芳　张晓梅

序

人才是我国经济社会发展的第一资源，技能人才是人才队伍的重要组成部分。党中央、国务院高度重视技能人才队伍建设工作，2009 年 12 月，胡锦涛总书记在视察珠海市高级技工学校时指出：“没有一流的技工，就没有一流的产品”、“技能型人才在推进自主创新方面具有不可替代的重要作用”。技工院校是系统培养技能人才的重要基地。多年来，技工院校始终紧紧围绕国家经济发展和劳动者就业，以满足经济发展和企业对技术工人的需求为办学宗旨，形成了鲜明的办学特色，为国家培养了大批生产一线技能劳动者和后备高技能人才。

当前，我国处于全面建设小康社会的关键时期，随着加快转变经济发展方式、推进经济结构调整以及大力发展高端制造产业等新兴战略性产业，迫切需要加快培养一大批具有精湛技能和高超技艺的技能人才。为了遵循技能人才成长规律，切实提高培养质量，进一步发挥技工院校在技能人才培养中的基础作用，从 2009 年开始，我部借鉴国内外职业教育先进经验，在全国 17 个省（区、市）的 30 所技工院校启动了一体化课程教学改革试点工作，推进以职业活动为导向，以校企合作为基础，以综合职业能力培养为核心，理论教学与技能操作融合贯通的一体化课程教学改革。这项改革试点将传统的以学历为基础的职业教育转变为以职业技能为基础的职业能力教育，促进了职业教育从知识教育向能力培养转变，努力实现“教、学、做”融为一体，收到了积极成效。改革试点得到了学校师生的充分认可，普遍反映一体化课程教学改革是技工院校一次“教学革命”，学生的学习热情、教学组织形式、教学手段和学生的综合素质都发生了根本性变化。试点的成果表明，一体化课程教学改革是转变技能人才培养模式的重要抓手，是推动技工院校改革发展的重要举措，也是人力资源社会保障部门加强技工教育和在职业培训工作的一个重点项目。

教学改革的成果最终要以教材为载体进行体现和传播。根据我部推进一体化课程教学改革的要求，一体化课程改革专家、几百位试点院校的骨干教师以及中国人力资源和社会保障出版集团的编辑团队，用了三年多的时间，组织实施了一体化课程教学改革试点，并将试点中形成的课程成果进行了整理、提炼，汇编成“活页”教材。这套教材不仅在形式上打破了传统教材的编写模式，而且在内容上突破了传统教材的结构体例，在国内职业教育培训教材领域中均属首创。这套教材及配套资料的出版，不仅是本次一体化课程教学改革试点工作的阶段性总结，也是一体化课程教学改革不断深化和全面推广的一个起点。希望全国技工院校将一体化课程教学改革作为创新人才培养模式、提高人才培养质量的重要抓手，进一步推动教学改革，促进内涵发展，提升办学质量，为加快培养合格的技能人才作出新的更大贡献！

人力资源和社会保障部副部长

王晓初

二〇一二年八月

活页式教材使用说明

◆ 页码编排方式

为了更加方便地在教材中增删和替换内容，页码采用“学习任务编号－学习活动编号－页码号”三级编排形式，如“3–2–4”表示“学习任务三”的“学习活动2”的第4页。

◆ 过程评价表使用方法

教材中设计了“自评表”、“互评表”、“教师总评表”、“综合评价表”等评价表格，表头上有“班级”、“姓名”、“学号”等信息栏，从活页教材中取出评价表填写后可以单独提交。

◆ 教材内容更新方法

中国人力资源和社会保障出版集团将根据一体化课程教学改革的推进以及科学技术的发展和不同地域的需要，不断补充和更新教材中的学习任务和学习活动，学校可以从“技工院校一体化教学资源网（http：//yth.cott.org.cn）”下载（需在网站注册）。通过网站还可以了解到更多的一体化课程教学改革信息和下载相关资源。

◆ 便携式活页夹和 PVC 保护板使用方法

使用教材中附赠的便携式活页夹，可以灵活方便地将教材中部分内容携带至一体化教学场地。教材内附的整张 PVC 保护板可以作为学习记录垫板使用。

◆ 参考用书选用方法

在学习过程中，学生需要查阅大量参考资料，下表为中国人力资源和社会保障出版集团出版的适宜本专业一体化教学使用的参考书目录。

数控加工／机床切削加工专业一体化教学参考书目录（中级阶段）

序号	书号	书名
1	978-7-5045-9709-0	机械制图（少学时）（双色印刷）
2	978-7-5045-9690-1	机械基础（少学时）（双色印刷）
3	978-7-5045-9677-2	金属材料与热处理（少学时）（双色印刷）
4	978-7-5045-9717-5	极限配合与技术测量基础（少学时）（双色印刷）
5	978-7-5045-9689-5	机械制造工艺基础（少学时）（双色印刷）
6	978-7-5045-9713-7	工程力学（少学时）（双色印刷）
7	978-7-5045-9668-0	电工学（少学时）（双色印刷）
8	978-7-5045-8689-6	车工工艺与技能　学生用书Ⅱ　基础知识
9	978-7-5045-9159-3	铣工工艺与技能　学生用书Ⅱ　基础知识
10	978-7-5045-9128-9	数控加工工艺学（第三版）
11	978-7-5045-9097-8	数控机床编程与操作（第三版　数控车床分册）
12	978-7-5045-9112-8	数控机床编程与操作（第三版　数控铣床　加工中心分册）

目　　录

学习任务一 轴的检测

学习目标

1. 能按照企业安全防护规定，穿戴劳保用品，执行安全操作规程，并遵守企业的各种规章制度。

2. 能通过阅读检测任务单，明确检测任务（如检测数量、完成时间等要求）。

3. 能明确产品检测环节中全检、抽检、样检的概念和适用场合。

4. 能查阅机械手册等相关资料，明确三角形螺纹各部分的尺寸。

5. 能识读轴类零件图样，明确轴类零件的结构特点、各尺寸精度要求等。

6. 能根据检测要素及其要求，选择测量方法及量具，制定合理的检测方案。

7. 能通过查阅相关技术文件，明确本次任务涉及量具的使用方法和保养措施。

8. 能规范使用量具对轴类零件进行检测，并准确记录测量结果。

9. 了解万能工具显微镜、表面粗糙度检测仪的使用场合。

10. 能对轴检测结果进行必要的分析，形成检测报告，并对不合格产品提出返修意见。

11. 能按检测室现场管理规定和产品工艺流程的要求，正确放置轴类零件以及检测用量具，并整理现场。

12. 能主动获取有效信息，展示工作成果，对学习与工作进行反思总结，并能与他人开展良好合作，进行有效的沟通。

建议学时

16 学时

工作情境描述

某企业承接了一批轴加工定单，现已完成车削加工，需送检测组进行终检，要求检测组在 2 天内按照检测任务单和图样要求完成轴的检测，并提交检测报告。

工作流程与活动

学习活动 1　分析任务要求，制定检测方案

学习活动 2　检测零件，出具检测报告

学习活动 3　展示、评价与总结

学习活动1　分析任务要求，制定检测方案

学习目标

1. 能通过阅读轴检测任务单，明确检测任务（如检测数量、完成时间等要求）。

2. 能明确产品检测环节中全检、抽检、样检的概念和适用场合。

3. 能查阅机械手册等相关资料，计算内、外三角形螺纹各部分的尺寸。

4. 能识读轴零件图样，明确检测零件的结构特点、各尺寸精度要求等。

5. 能通过查阅相关技术文件，根据检测要求合理选择检测轴所需的量具，并能描述所选量具的规格、精度等级等内容。

6. 能根据检测要求制定合理的检测方案。

建议学时　4学时

学习过程

领取轴的检测任务单、零件图样，明确本次检测任务的内容，制定检测方案。

一、阅读检测任务单（表1—1—1）

表1—1—1　　检测任务单

单位名称		××企业			完成时间	2013年3月5日	
序号	产品名称	材料	来料数量	检测数量	技术标准、质量要求		
1	轴	45钢	50件	10件	按图样要求		
2							
3							
检测批准时间		2013年3月1日		批准人			
通知任务时间		2013年3月2日		发单人			
接单时间		2013年3月3日		接单人		生产班组	检测组

1. 本次检测任务需要检测产品的名称：＿＿＿＿＿＿；材料：＿＿＿＿＿＿＿；数量：＿＿＿＿＿＿＿＿＿。

2. 企业进行零件检测的一般流程为检测批准、下达检测任务、接受检测任务、实施检测、提交检测报告。想一想，作为接单人在接受检测任务前应作哪些方面的考虑？

3. 在产品检测环节中一般有全检、抽检、样检等要求。用简单的语言描述一下它们分别适用于什么场合。本次检测任务采用的是哪种检测方式？

4. 检测人员接受检测任务后，一般会按照分析零件图样、制定检测方案、领取被检零件及检测用工量具、检测、填写检测报告的流程进行任务实施。本次轴检测任务的工作周期为多少天？你准备如何分配任务来完成轴零件的检测？

二、分析零件图（图1—1—1）

a) 立体图

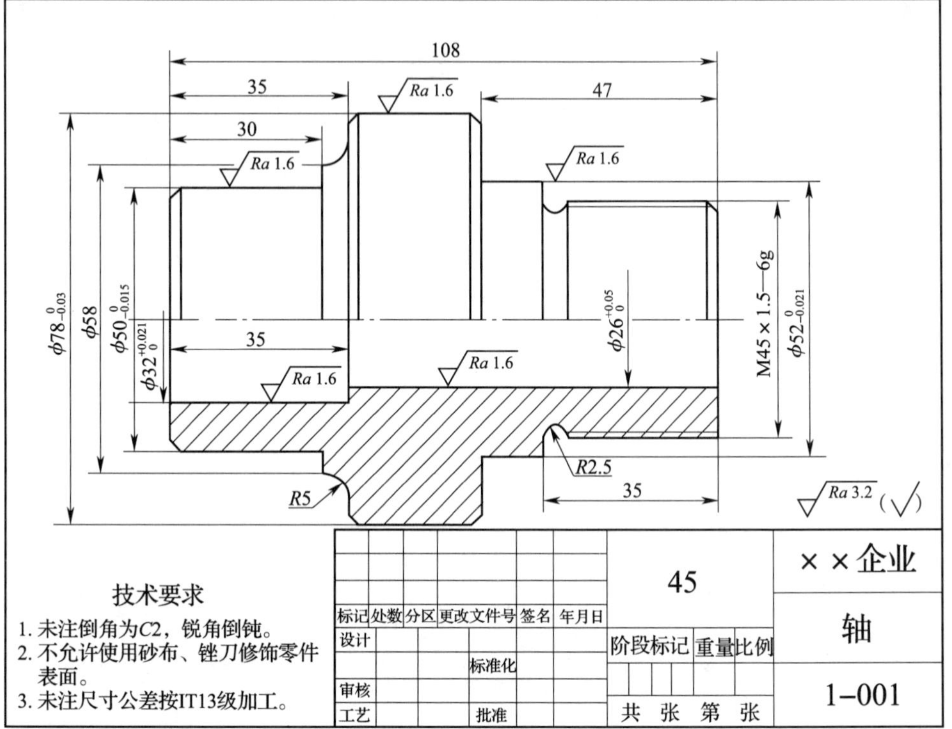

b) 零件图

图 1—1—1 轴

1. 识读图 1—1—1 可知轴上具有螺纹要素，试查阅相关资料回答下列有关螺纹的问题，明确待检测轴的螺纹检测要求。

（1）仔细观察图 1—1—2，写出内、外螺纹的基本要素。

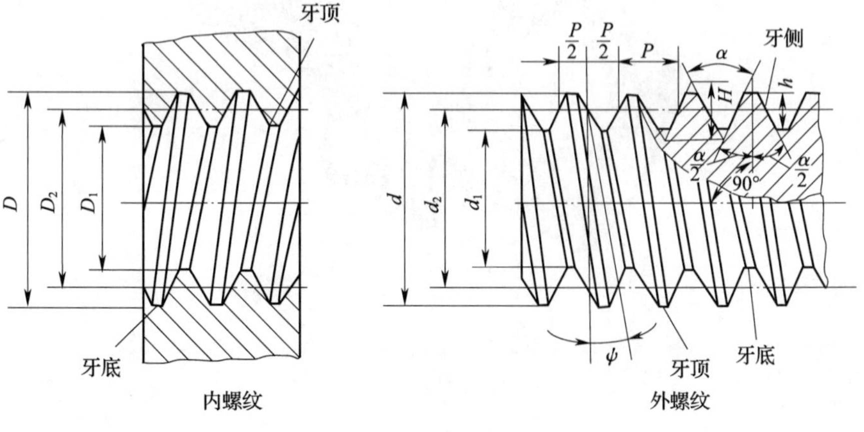

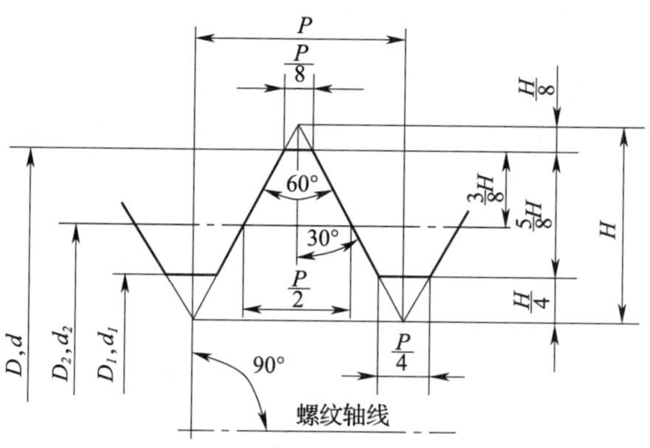

图 1—1—2　普通三角形螺纹

1）内螺纹的基本要素：

2）外螺纹的基本要素：

（2）写出轴零件图中螺纹代号 M45 ×1.5—6g 的含义，并指出该种精度螺纹适用的场合。

M45 的含义：________________；

1.5 的含义：________________；

6g 的含义：________________；

该种精度螺纹适用的场合：________________。

（3）计算图样中三角形螺纹 M45 ×1.5—6g 各部分的尺寸，并记录在表 1—1—2 中。

表 1—1—2　　三角形螺纹 M45 ×1.5—6g 各部分的尺寸

名称	代号	计算公式及结果
牙型角	α	
原始三角形高度	H	
牙型高度	h	
大径	d	
中径	d_2	
小径	d_1	
螺纹升角	ψ	

（4）在国家标准《普通螺纹 公差》（GB/T 197—2003）中对普通螺纹公差带的大小（即公差等级）和公差带位置（即基本偏差，如图1—1—3所示）进行了标准化，组成了各种螺纹公差带。查阅资料，写出普通内、外螺纹的公差等级和基本偏差代号。

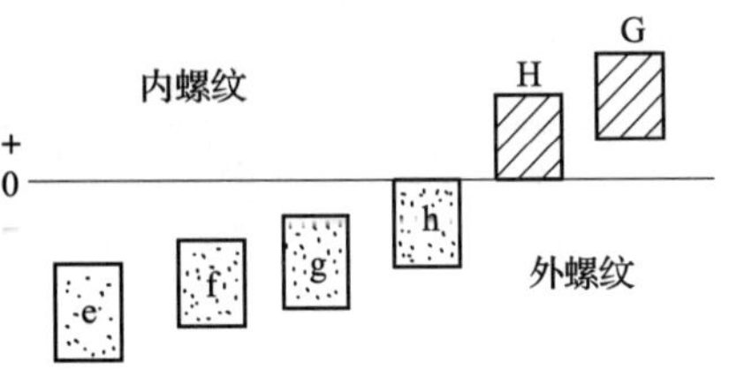

图1—1—3　螺纹公差带位置

1）普通内螺纹的公差等级：

2）普通外螺纹的公差等级：

3）普通内螺纹的基本偏差代号：

4）普通外螺纹的基本偏差代号：

（5）查表确定轴零件图中螺纹 M45×1.5—6g 的螺纹中径和顶径的公差及偏差。

1）螺纹中径的公差及偏差：

2）螺纹顶径的公差及偏差：

2. 零件图中一般都会标示出尺寸偏差的范围，这样才能保证加工好的零件能满足设计要求。仔细识读图 1—1—1，明确待检测轴各尺寸的大致公差等级或偏差范围，并记录在表 1—1—3 中。

表 1—1—3　　轴零件的尺寸要求

序号	尺寸类型	标注尺寸	大致公差等级或偏差范围
1	带偏差尺寸	$\phi78^{\ 0}_{-0.03}$	
2		$\phi50^{\ 0}_{-0.015}$	
3		$\phi32^{+0.021}_{\ 0}$	
4		$\phi26^{+0.05}_{\ 0}$	
5		$\phi52^{\ 0}_{-0.021}$	
6	未注公差尺寸（GB/T 1800.1—2009，IT13）	$\phi58$	
7		35（3 处）	
8		47	
9		30	
10		$R5$	
11		$R2.5$	
12		108	

3. 在表 1—1—4 中写出轴零件图中各表面粗糙度的含义。

表 1—1—4　　轴零件图中各表面粗糙度的含义

序号	表面粗糙度	表面粗糙度含义
1	$\sqrt{Ra\ 1.6}$	
2	$\sqrt{Ra\ 3.2}$	

三、根据检测要求，选择检具

1. 每项零件精度的检测都需要用特定的量具来实现，而要做到准确选择测量方法及量具，首先要熟悉各类常用量具的用途。仔细观察以下常用量具，写出这些常用量具的名称及用途。

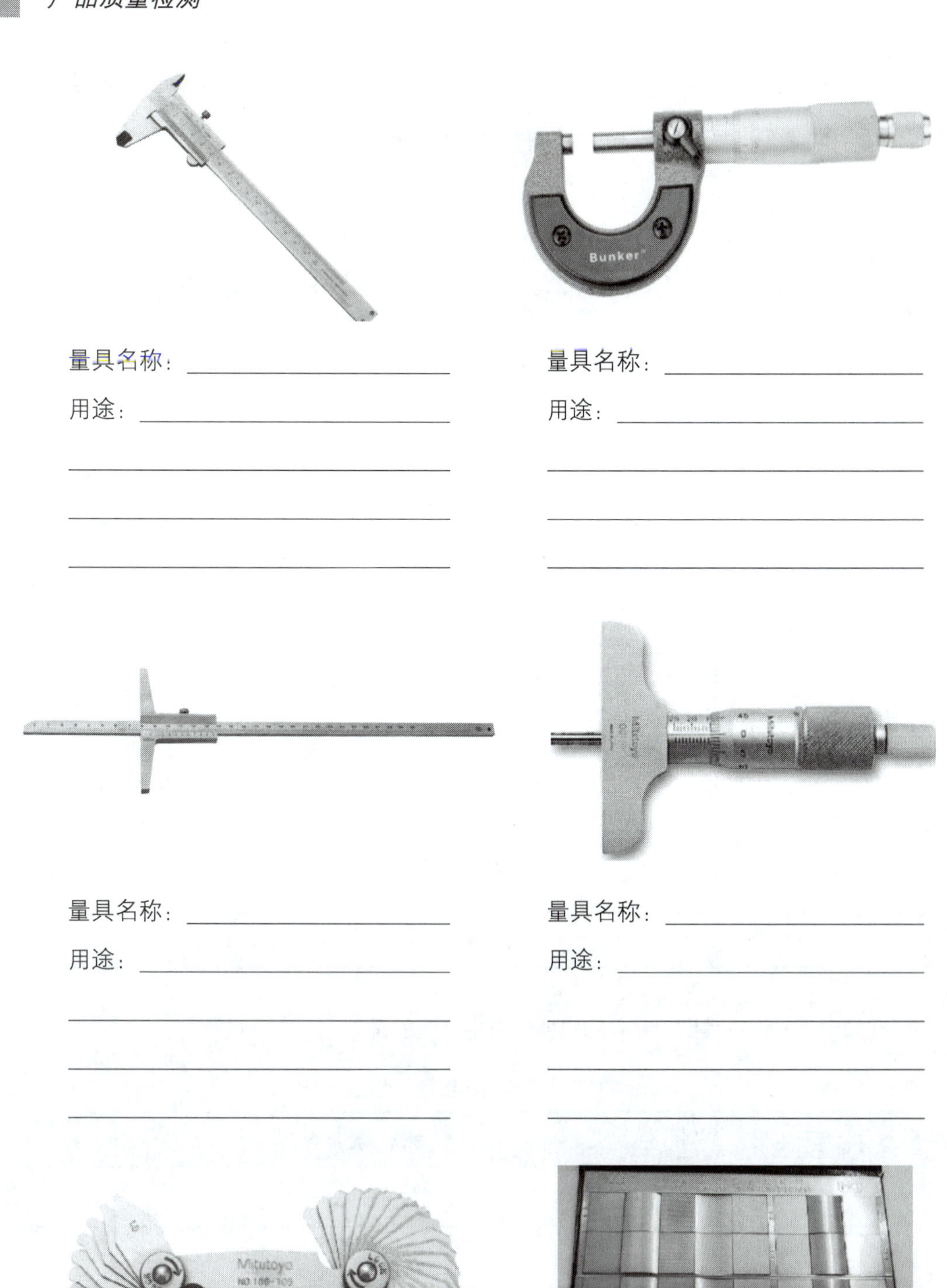

量具名称：________________

用途：________________

____

____

____

量具名称：________________

用途：________________

____

____

____

量具名称：________________

用途：________________

____

____

____

量具名称：________________

用途：________________

____

____

____

量具名称：________________

量具名称：________________

用途：____________________

用途：____________________

量具名称：________________

用途：____________________

量具名称：________________

用途：____________________

量具名称：________________

用途：____________________

量具名称：________________

用途：____________________

2. 通过小组讨论，根据被检测轴图样中的长度、直径、圆弧、螺纹、表面粗糙度等检测项目确定本任务需要用到的量具，并将其规格、精度等级填写在表1—1—5中。

表1—1—5 轴检测所需量具

检测项目	量具（仪器）	规格	精度等级
长度			
内径			
外径			
圆弧			
螺纹中径			
表面粗糙度			

四、制定检测方案（表 1—1—6）

表 1—1—6　　　　轴零件检测方案

检测卡片			产品型号		零件图号		
			产品名称		零件名称		
工序号	工序名称	车间	检测项目	技术要求	检测手段	检测方案	检测操作要求
			$\phi78_{-0.03}^{0}$	$\phi77.97$ ~ 80 mm	75 ~ 100 mm 千分尺	利用 75 ~ 100 mm 千分尺完成尺寸偏差检测	使用千分尺过程中，要避免在测头两侧面留下指纹而引起生锈及测量误差
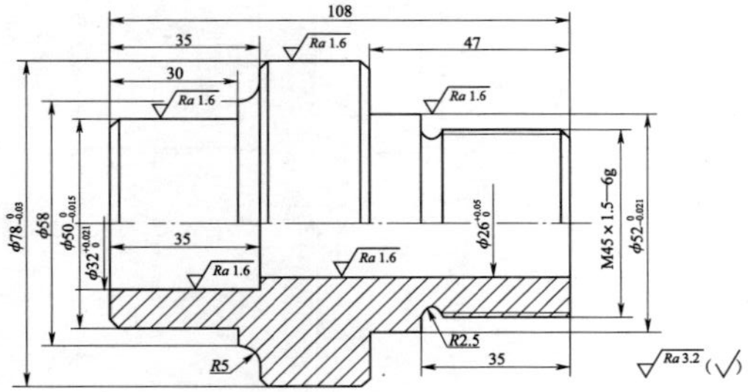							

续表

<table>
<tr><th>工序号</th><th>工序名称</th><th>车间</th><th rowspan="2">检测项目</th><th rowspan="2">技术要求</th><th rowspan="2">检测手段</th><th rowspan="2">检测方案</th><th rowspan="2">检测操作要求</th></tr>
<tr><td></td><td></td><td></td></tr>
<tr><td colspan="3" rowspan="5"> 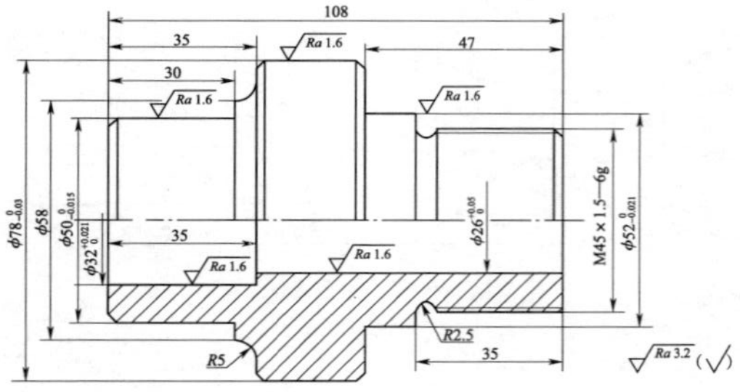</td><td></td><td></td><td></td><td></td><td></td></tr>
<tr><td></td><td></td><td></td><td></td><td></td></tr>
<tr><td></td><td></td><td></td><td></td><td></td></tr>
<tr><td></td><td></td><td></td><td></td><td></td></tr>
<tr><td></td><td></td><td></td><td></td><td></td></tr>
</table>

<table>
<tr><td></td><td></td><td></td><td></td><td></td><td>编制（日期）</td><td>审核（日期）</td><td>会签（日期）</td><td>批准（日期）</td></tr>
<tr><td></td><td></td><td></td><td></td><td></td><td rowspan="2"></td><td rowspan="2"></td><td rowspan="2"></td><td rowspan="2"></td></tr>
<tr><td>标记</td><td>处数</td><td>更改文件号</td><td>签字</td><td>日期</td></tr>
</table>

评价与分析

学习活动 1 评价表

班级__________　　学生姓名__________　　学号__________

项目	自我评价			小组评价			教师评价		
	10～9	8～6	5～1	10～9	8～6	5～1	10～9	8～6	5～1
	占总评 10%			占总评 30%			占总评 60%		
轴图样分析									
收集信息									
量具选择									
检测方案的制定									
学习主动性									
协作精神									
工作态度									
纪律观念									
表达能力									
工作页质量									
小计									
总评									

任课教师：__________　　年　月　日

学习活动 2　检测零件，出具检测报告

学习目标

1. 能正确校验游标卡尺、千分尺等量具，明确本任务涉及量具的使用注意事项。

2. 能规范使用游标卡尺、千分尺、内径百分表、半径规、螺纹千分尺、螺纹环规等量具对轴零件进行检测，并准确记录测量结果。

3. 能规范填写轴测量记录卡，并对轴测量记录卡进行综合分析，形成轴检测报告。

4. 能对轴检测结果进行必要的分析，并对不合格产品提出处置建议。

5. 能按检测室现场管理规定和产品工艺流程的要求，正确放置轴类零件、检测用量具等。

建议学时　8 学时

学习过程

一、熟悉检测室规章制度

1.《孟子·离娄上》有曰：“不以规矩，不能成方圆”，意指做任何事情都要遵守一定的规章制度。仔细阅读检测室规章制度，分小组讨论，在检测产品的过程中如果不遵守相关的规章制度和注意事项会造成的后果，并举例说明。

检测室规章制度

1. 检测室是实验检定的工作场所，为保证环境清洁、安静，不经允许非操作人员不得进入。

2. 严禁在检测室内吸烟、饮食和放置与本室无关的物品。

3. 检测室中的计算机，严禁安装其他软件、上网及使用非专用的外部接口设备。

4. 检测室的地面、操作台应经常打扫、擦拭，保持无灰尘，检测室内物品应摆放整齐有序，标志清晰、规范。

5. 检测室应做好安全保卫工作，各种安全设施和消防器材应定期检查，妥善管理，保证随时可以供应。

6. 注意检测室用电安全，定期检查电气线路，室内电线管道敷设应安全、规范，不得随意布线。

7. 操作人员进入检测室，必须遵守规章制度和安全规则，认真执行本人所承担的技术操作规范，工作时要集中精神，严禁玩忽职守。

8. 使用仪器设备时，必须遵守有关操作规程和安全使用规则。

9. 检测室内的测头和测球等应存放整齐、分类保管，使用后及时清理干净，放回原处，摆放整齐。

10. 凡属剧毒、易燃、易爆物品不准在检测室内随意存放。

11. 实验完毕，及时整理仪器设备，切断电源和气源；下班前检查电、气及门窗安全后方可离去。

2. 检测室规章制度与生产车间的安全规章制度有哪些异同？检测室的安全规章制度更侧重于哪些方面？

二、准备量具及辅具

1. 填写量具及辅具清单（表 1—2—1）并领取所需量具及辅具。

表 1—2—1　　量具及辅具清单

序号	量具及辅具名称	规格	精度	数量	量具是否完好
1	游标卡尺	0 ~ 150 mm	0.02 mm		
2	深度游标卡尺	0 ~ 200 mm	0.02 mm		
3	外径千分尺	25 ~ 50 mm 50 ~ 75 mm 75 ~ 100 mm	0.01 mm		
4	内径百分表	18 ~ 35 mm	0.01 mm		
5	半径规	1 ~ 6.5 mm	1 级		
6	螺纹千分尺	25 ~ 50 mm	0.01 mm		
7	表面粗糙度样板	组合式	32 块/套		
8					

2. 由制定的检测方案可知，轴径的检测需要利用游标卡尺和千分尺来完成。为了保证轴径检测结果的准确，开始测量前常需要校验游标卡尺和千分尺等量具本身是否存在偏差。如图 1—2—1 所示，你知道校验千分尺的工具有哪些吗？校验千分尺的具体步骤是怎样的？

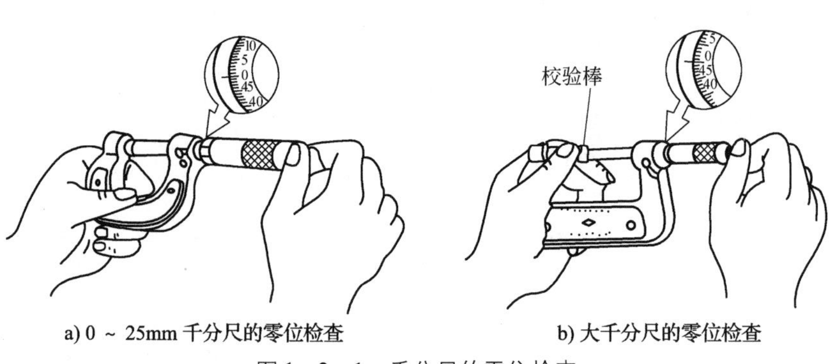

a) 0 ~ 25mm 千分尺的零位检查　　b) 大千分尺的零位检查

图 1—2—1　千分尺的零位检查

（1）校验千分尺的工具有：________________________________。

（2）校验千分尺的步骤：

3. 如图 1—2—2 所示，游标卡尺可测量的几何要素有很多，本任务主要用于测量精度要求不高的轴径尺寸。回顾或查阅资料，写出用游标卡尺测量零件的方法和注意事项。

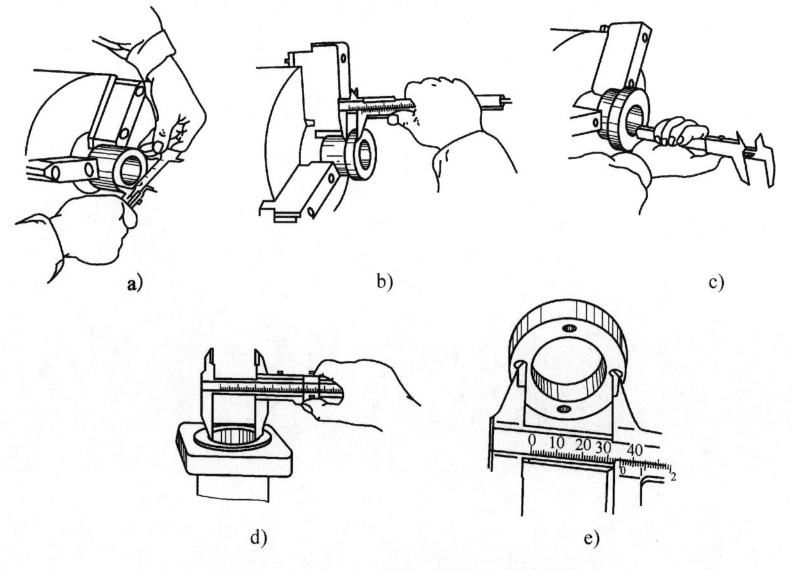

a)　b)　c)　d)　e)

图 1—2—2　用游标卡尺测量零件

4. 千分尺常用于测量精度要求较高的几何要素，本任务中主要用于测量带公差要求的轴径。仔细观察图 1—2—3，写出用千分尺可以测量的几何要素以及用千分尺测量零件的方法和注意事项。

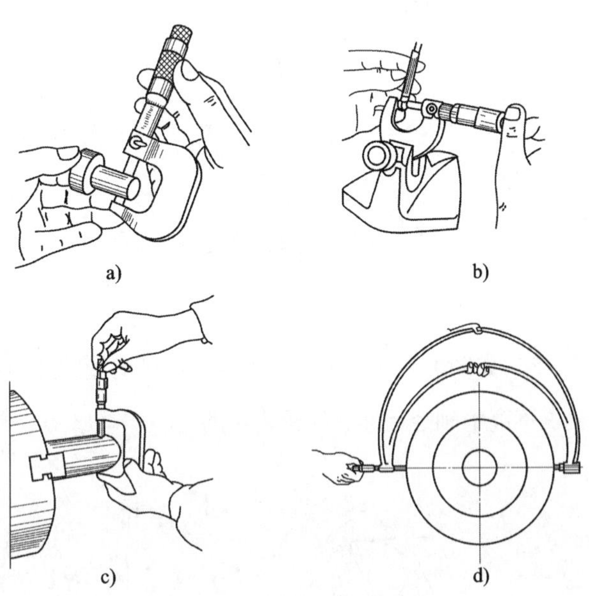

图 1—2—3　用千分尺测量零件

5. 检测螺纹时可使用螺纹千分尺、螺纹环规等。如图 1—2—4 所示，用螺纹环规检测外螺纹的具体步骤是怎样的？如何区分通规、止规？进行检测时需要注意哪些事项？

a)

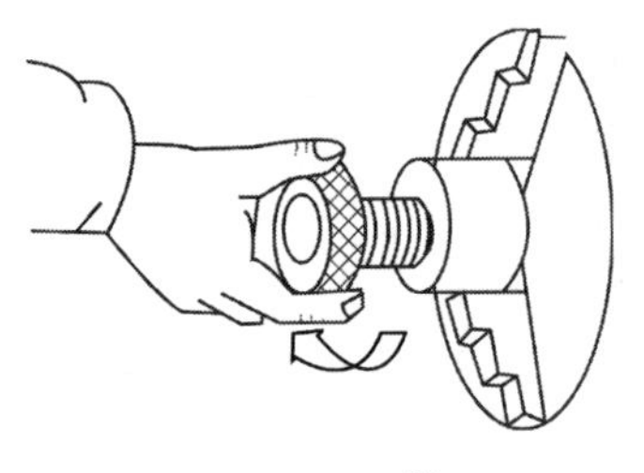
b)

图 1—2—4　用螺纹环规检测外螺纹

（1）用螺纹环规检测外螺纹的具体步骤：

（2）区分通规、止规的方法：

（3）螺纹环规的使用注意事项：

6. 图 1—2—5b 所示是在用螺纹千分尺检测三角形螺纹的哪一个尺寸参数？写出图示螺纹千分尺的各组成部分名称以及用其测量螺纹尺寸的具体步骤和使用注意事项。

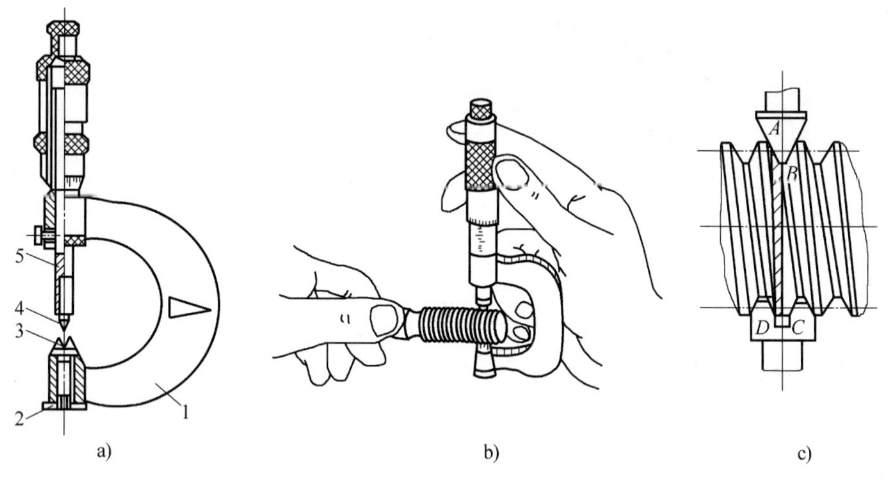

图 1—2—5　用螺纹千分尺测量三角形螺纹

（1）测量的尺寸参数是：________________。

（2）螺纹千分尺各组成部分的名称：

（3）用螺纹千分尺测量螺纹尺寸的具体步骤：

（4）螺纹千分尺的使用注意事项：

7. 本任务中内孔尺寸的检测可使用内径百分表或光滑塞规，如图 1—2—6 所示。回顾或查阅资料，写出用内径百分表或光滑塞规测量零件内孔的方法和需要注意的事项。

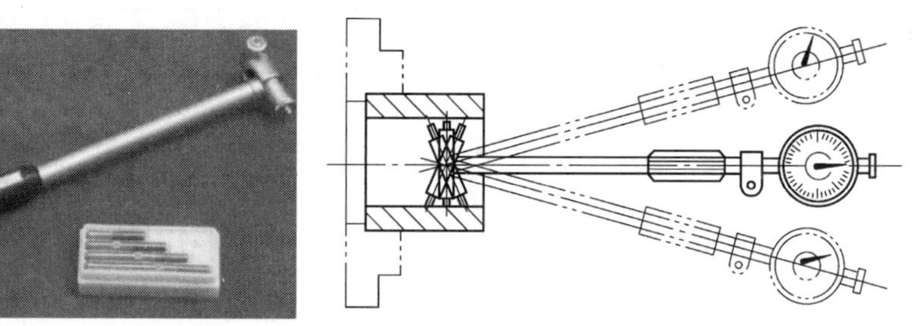

a) 用内径百分表测量内孔

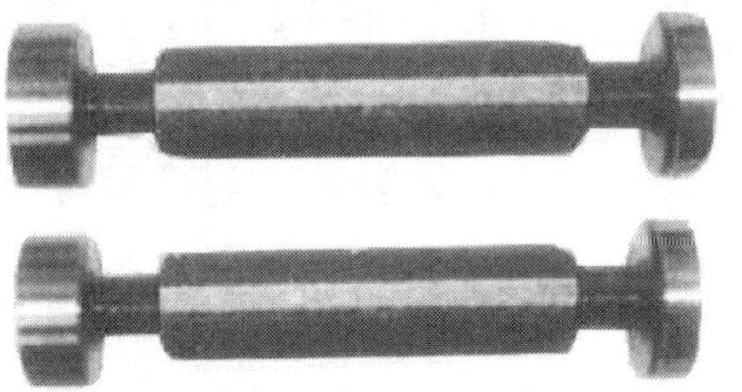

b) 光滑塞规

图 1—2—6　内孔尺寸的测量

8. 本任务中圆弧尺寸的检测用到了半径规，简要说明半径规的使用方法和使用注意事项。

三、检测零件，填写测量记录卡（表1—2—2）

表1—2—2 轴测量记录卡

序号	检测内容		第1次	第2次	第3次	平均值	结论
1	主要尺寸	$\phi78_{-0.03}^{0}$					
2		$\phi50_{-0.015}^{0}$					
3		$\phi32_{0}^{+0.021}$					
4		$\phi26_{0}^{+0.05}$					
5		$\phi52_{-0.021}^{0}$					
6		$\phi58$					
7		35					
8		47					
9		30					
10		35					
11		$R5$					
12		$R2.5$					
13		35					
14		108					
15		$C2$（4处）					
16		$C0.5$（倒钝去毛刺，4处）					
17		M45×1.5—6g					
18	表面粗糙度	被测面	要求值	实际值	被测面	要求值	实际值
		$\phi78_{-0.03}^{0}$外圆	$Ra1.6$		$\phi58$外圆	$Ra3.2$	
		$\phi50_{-0.015}^{0}$外圆			左端面		
		$\phi32_{0}^{+0.021}$内孔			右端面		
		$\phi26_{0}^{+0.05}$内孔			$R2.5$处		
		$\phi52_{-0.021}^{0}$外圆			$R5$处		
表面粗糙度检测结论							

四、撰写零件检测报告（表1—2—3），综合结论分析

表1—2—3　　零件检测报告

零件名称		型号规格	数量	抽检比例	抽检数量
序号	检测项目	技术要求		实测合格	检测员
1	外观质量	产品不得有损伤、变形和锈蚀等			
2	表面粗糙度	符合图样的要求			
3	几何尺寸	符合图样的要求			
4					
5					
6					
轴检测结论					

产生不合格品的情况分析（零件返修后是否可用）：

检测结论：

检测员：　　　　日期：

注：实测合格以“√”表示。

五、检测完毕，整理现场

1．量具的维护保养

（1）游标卡尺和千分尺使用结束后，你是如何进行维护保养和存放的?

1）维护保养过程：

2）存放：

（2）螺纹千分尺和螺纹环规使用结束后，你是如何进行维护保养和存放的?

1）维护保养过程：

2）存放：

（3）内径百分表和光滑塞规使用结束后，你是如何进行维护保养和存放的?

1）维护保养过程：

2）存放：

（4）表面粗糙度样板使用结束后，你是如何进行维护保养和存放的?

1）维护保养过程：

2）存放：

2. 经检测合格的轴零件你是如何放置的? 不合格品又是如何处理的?

（1）合格品的放置：

（2）不合格品的处理：

3. 检测零件的过程中，你能否严格遵守检测室的安全操作规程? 还有哪些方面需要改进?

4. 检测完毕后，你有没有按照规定整理工作现场? 工作场地的清理要求有哪些?

评价与分析

学习活动 2 评价表

班级__________ 学生姓名__________ 学号__________

项目	自我评价			小组评价			教师评价		
	10 ~ 9	8 ~ 6	5 ~ 1	10 ~ 9	8 ~ 6	5 ~ 1	10 ~ 9	8 ~ 6	5 ~ 1
	占总评 10%			占总评 30%			占总评 60%		
检测过程规范性									
检测报告									
整理现场									
回答问题									
学习主动性									
协作精神									
工作态度									
纪律观念									
表达能力									
工作页质量									
小计									
总评									

任课教师：__________ 年 月 日

学习活动3　展示、评价与总结

学习目标

1. 能按分组情况，分别派代表展示工作成果，说明本次任务的完成情况，并作分析总结。

2. 能结合自身任务完成情况，正确规范地撰写工作总结，内容详实。

3. 能就本次任务中出现的问题提出改进措施。

4. 了解万能工具显微镜、表面粗糙度检测仪的使用场合、结构和测量原理。

建议学时　4学时

学习过程

一、展示评价（个人、小组评价）

把个人的检测报告先进行分组展示，再由小组推荐代表作必要的介绍。在展示的过程中，以小组为单位进行评价；评价完成后，根据其他组成员对本组展示成果的评价意见进行归纳总结。完成如下项目：

1. 展示的检测报告真实可靠、完整准确吗？

很好□　　　一般□　　　不准确□

2. 本小组介绍成果表达是否清晰？

很好□　　　一般，常补充□　　　不清晰□

3. 本小组演示的轴检测方法操作正确吗？

正确□　　　部分正确□　　　不正确□

4. 本小组演示操作时遵循了“5S”的工作要求吗?

符合工作要求□　　忽略了部分要求□　　完全没有遵循□

5. 本小组的检测量具、量仪保养完好吗?

良好□　　　一般□　　　不合要求□

6. 本小组的成员团队创新精神如何?

良好□　　　一般□　　　不足□

二、教师评价

教师对展示的检测报告分别作评价。

1. 找出各组的优点进行点评。

2. 对展示过程中各组的缺点进行点评，提出改进方法。

3. 对整个任务完成中出现的亮点和不足进行点评。

三、总结提升

1. 你是如何看待产品质量检测这项工作的? 在检测过程中你遇到了哪些问题? 是什么原因导致的? 你的改进措施是什么?

2. 结合自身任务完成情况，通过交流讨论等方式，较全面规范地撰写本次任务的工作总结。

工作总结（心得体会）

____

____

____

____

3. 对于螺纹的检测，本任务选用的是螺纹千分尺或螺纹环规。在实际的工业生产和科学研究过程中，高精度的螺纹也可用万能工具显微镜进行检测，它是一种使用十分广泛的光学测量仪器，具有较高的测量精度，适用于长度和角度的精密测量，如图1—3—1所示。试通过网络查询或查阅相关手册等资讯方式，明确万能工具显微镜除可用于测量螺纹的几何参数外，还适用于哪些场合。其总体结构、测量原理、主要技术规格与精度又是怎样的?

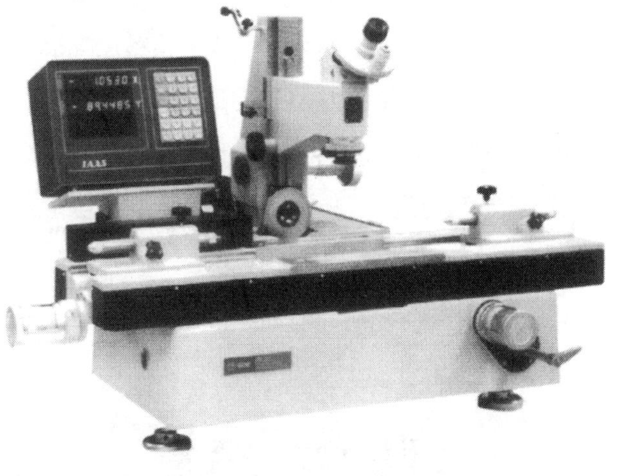

图1—3—1　万能工具显微镜

（1）万能工具显微镜的用途:

（2）万能工具显微镜的总体结构：

（3）万能工具显微镜的测量原理：

（4）万能工具显微镜的主要技术规格与精度：

4. 对于一般精度表面粗糙度的检测，可以采用表面粗糙度样板。但要精确测量表面粗糙度，则需采用表面粗糙度检测仪，如图 1—3—2 所示。表面粗糙度检测仪适用于测量各类机械加工表面（如平面、外圆、内孔、凹槽等）的表面粗糙度，其操作和测量结果的运算均由计算机完成，并由计算机直接显示测量数据和表面粗糙度轮廓曲线，使用方便，测量效率高。试通过网络查询或查阅相关手册等资讯方式，明确表面粗糙度检测仪的使用场合、总体结构、测量原理、主要技术规格与精度。

图 1—3—2 表面粗糙度检测仪

(1) 表面粗糙度检测仪的用途：

(2) 表面粗糙度检测仪的总体结构：

(3) 表面粗糙度检测仪的测量原理：

(4) 表面粗糙度检测仪的主要技术规格与精度：

评价与分析

学习任务一评价表

班级__________ 学生姓名__________ 学号__________

项目	自我评价			小组评价			教师评价		
	10 ~ 9	8 ~ 6	5 ~ 1	10 ~ 9	8 ~ 6	5 ~ 1	10 ~ 9	8 ~ 6	5 ~ 1
	占总评 10%			占总评 30%			占总评 60%		
学习活动 1									
学习活动 2									
学习活动 3									
表达能力									
协作精神									
纪律观念									
工作态度									
分析能力									
操作规范性									
任务总体表现									
小计									
总评									

任课教师：________________ 年 月 日

学习任务二　端盖的检测

学习目标

1. 能通过阅读检测任务单，明确检测任务（如检测数量、完成时间等要求）。

2. 能识读端盖类零件图样，明确端盖类零件的结构特点、各尺寸精度要求、相关几何公差的含义等。

3. 能根据检测要素及其要求，选择恰当的测量方法及量具，并制定合理的检测方案。

4. 能通过查阅相关技术文件，明确本次任务涉及量具的使用方法和保养措施。

5. 能规范使用量具、量仪与辅具对端盖类零件进行检测，并正确读数、准确记录测量结果。

6. 了解三坐标测量仪的使用场合。

7. 能对端盖检测结果进行分析，并对不合格产品提出返修意见，形成检测报告。

8. 能按检测室现场管理规定和产品工艺流程的要求，正确放置端盖类零件以及检测用量具、量仪与辅具，并整理现场。

9. 能主动获取有效信息，展示工作成果，对学习与工作进行反思总结，并能与他人开展良好合作，进行有效的沟通。

建议学时

12 学时

工作情境描述

某公司生产部门承接了一批端盖加工定单，数量为 100 件，现已完成加工，需送检测组进行终检，要求检测组按照检测任务单和图样要求在 2 天内抽检 20 件，最终提交检测报告。

学习活动 1　分析任务要求，制定检测方案

学习活动 2　检测零件，出具检测报告

学习活动 3　展示、评价与总结

学习活动 1　分析任务要求，制定检测方案

学习目标

1. 能通过阅读端盖检测任务单，明确检测任务（如检测数量、完成时间等要求）。

2. 能识读端盖零件图样，明确端盖的结构特点、各尺寸精度要求、相关几何公差的含义等。

3. 能通过查阅相关技术文件，根据检测要求合理选择检测端盖所需的量具、量仪与辅具，并能描述所选量具、量仪的规格、精度等级等内容。

4. 能根据检测要求制定合理的检测方案。

建议学时　3 学时

学习过程

领取端盖的检测任务单、零件图样，明确本次检测任务的内容，制定检测方案。

一、阅读检测任务单（表 2—1—1）

表 2—1—1　　检测任务单

单位名称		××企业			完成时间	2013 年 3 月 8 日	
序号	产品名称	材料	来料数量	检测数量	技术标准、质量要求		
1	端盖	45 钢	100 件	20 件	按图样要求		
2							
3							
检测批准时间		2013 年 3 月 4 日		批准人			
通知任务时间		2013 年 3 月 5 日		发单人			
接单时间		2013 年 3 月 6 日		接单人		生产班组	检测组

1．本次检测任务需要检测产品的名称：____________；材料：______________；数量：__________________。

2．本次端盖检测任务的工作周期为多少天？你计划如何分配任务来完成端盖零件的检测？

3．结合端盖的作用和使用场合，分小组讨论端盖检测时应重点检测哪些项目。

二、分析零件图（图2—1—1）

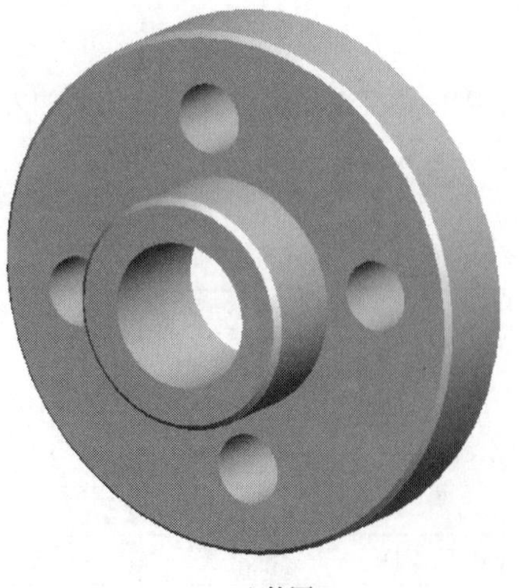

a) 立体图

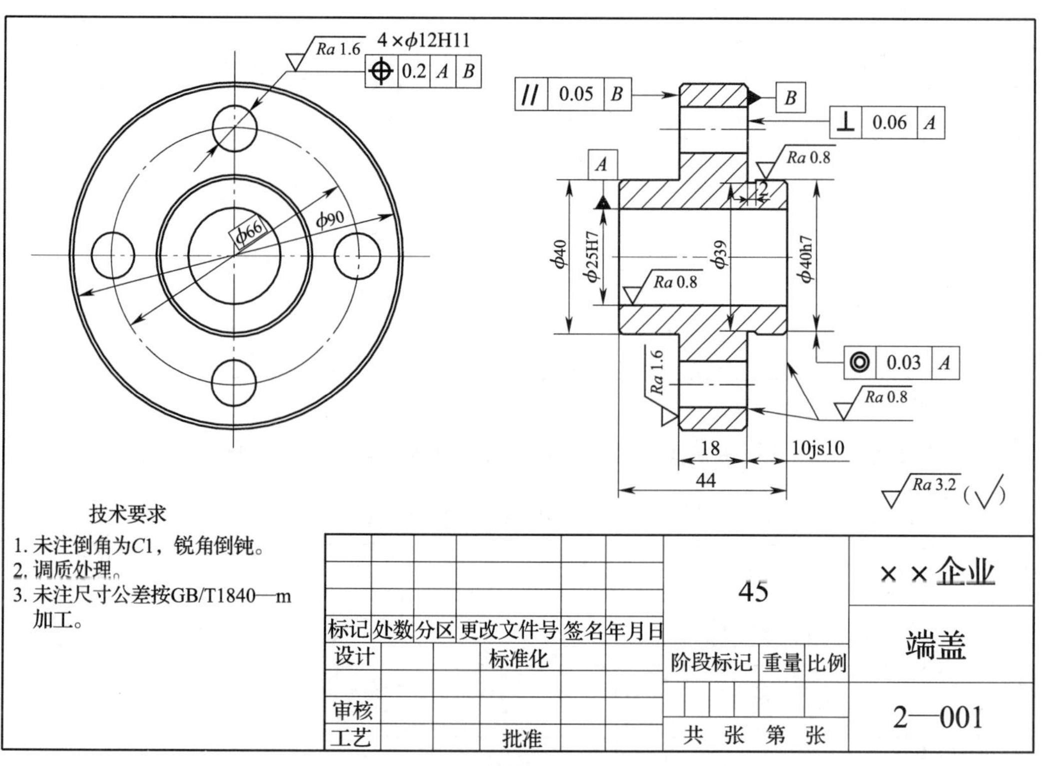

b) 零件图

图 2—1—1　端盖

1. 识读图 2—1—1 并简述该端盖零件由哪些几何要素组成。

2. 识读图 2—1—1，通过查阅公差与配合等相关资料，确定端盖零件标注尺寸的公差数值和尺寸范围，并记录在表 2—1—2 中。

表 2—1—2　端盖零件的尺寸要求

序号	标注尺寸	公差数值	尺寸范围
1	ϕ40h7		
2	ϕ25H7		
3	ϕ40		

续表

序号	标注尺寸	公差数值	尺寸范围
4	$\phi90$		
5	$\boxed{\phi66}$		
6	44		
7	18		
8	10js10		
9	$\phi12H11$		

3．识读图 2—1—1，将端盖零件各几何公差的含义填写在表 2—1—3 中。

表 2—1—3　　端盖零件各几何公差的含义

序号	几何公差	几何公差含义
1	// 0.05 B	
2	⊥ 0.06 A	
3	⌖ 0.2 A B	
4	◎ 0.03 A	

4．在表 2—1—4 中写出端盖零件图中各表面粗糙度的含义。

表 2—1—4　　端盖零件图中各表面粗糙度的含义

序号	表面粗糙度	表面粗糙度含义
1	$\sqrt{Ra\ 1.6}$	
2	$\sqrt{Ra\ 3.2}$	
3	$\sqrt{Ra\ 0.8}$	

三、根据检测要求，选择检具

1．仔细观察以下常用检具，通过网络查询或查阅相关手册等资讯方式，说明这些常用检具的用途。

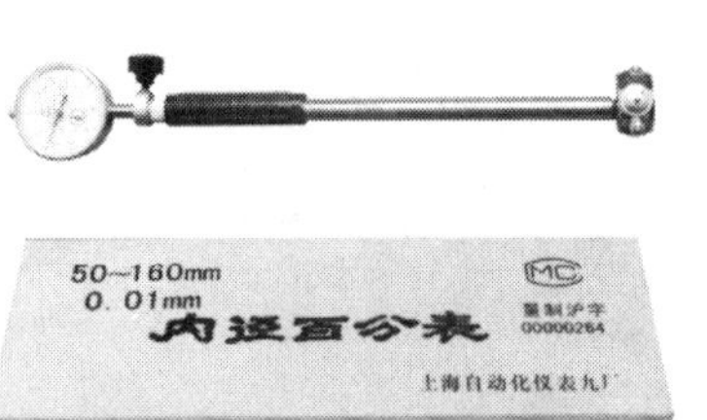

量具名称：内径百分表

用途：______________________

____

____

____

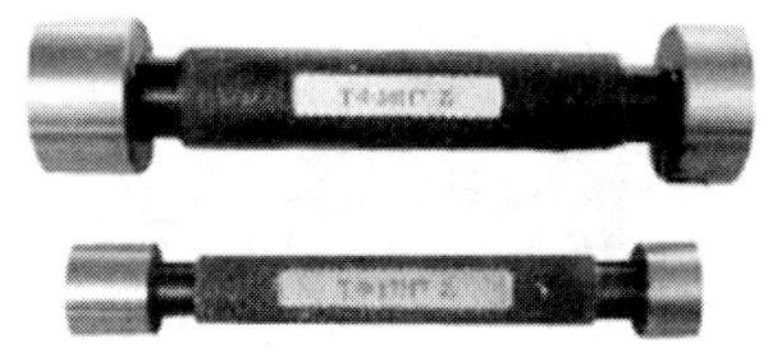

量具名称：塞规

用途：______________________

____

____

____

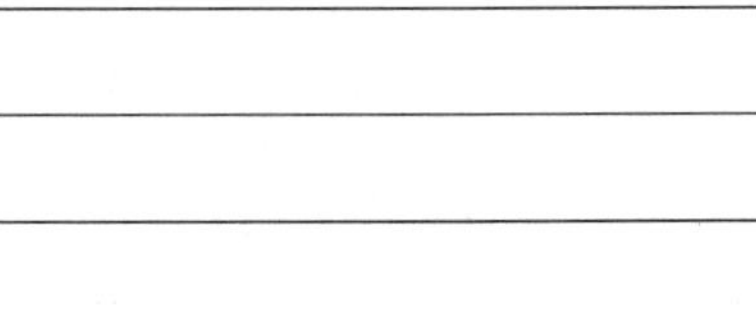

量具名称：标准棒

用途：______________________

____

____

____

量具名称：偏摆仪

用途：______________________

____

____

____

量具名称：卡规

用途：______________________

____

____

____

量具名称：磁性表座

用途：______________________

____

____

____

量具名称：钟表式千分表

用途：________________

____

____

____

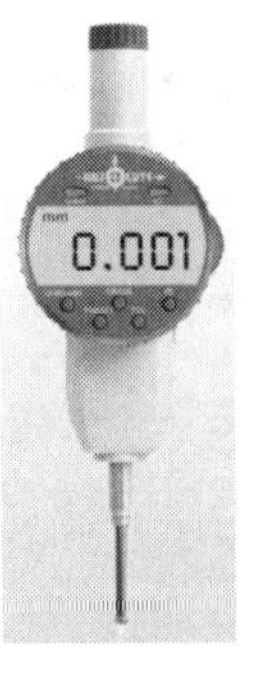

量具名称：数显式千分表

用途：________________

____

____

____

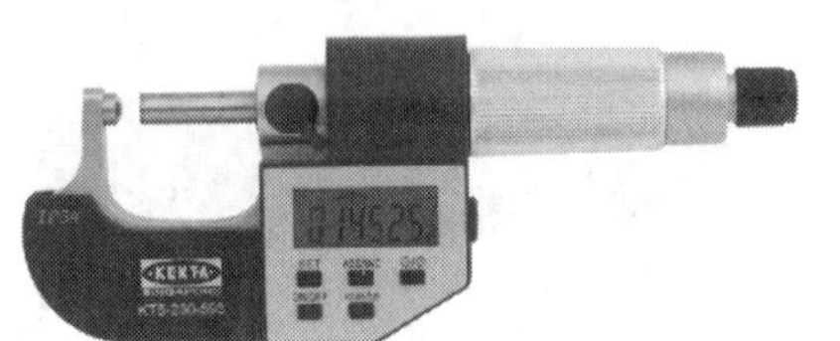

量具名称：数显管材千分尺

用途：________________

____

____

____

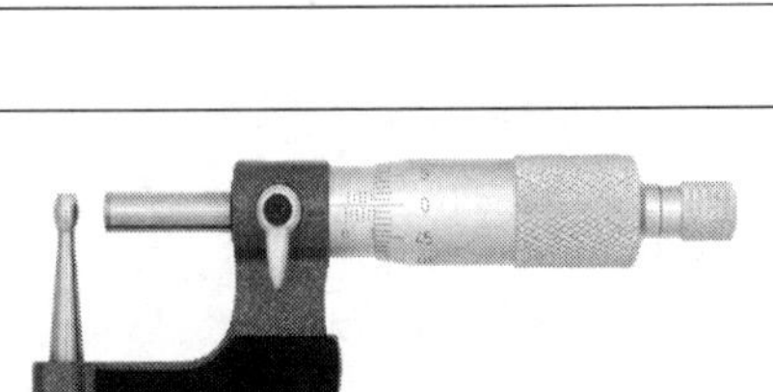

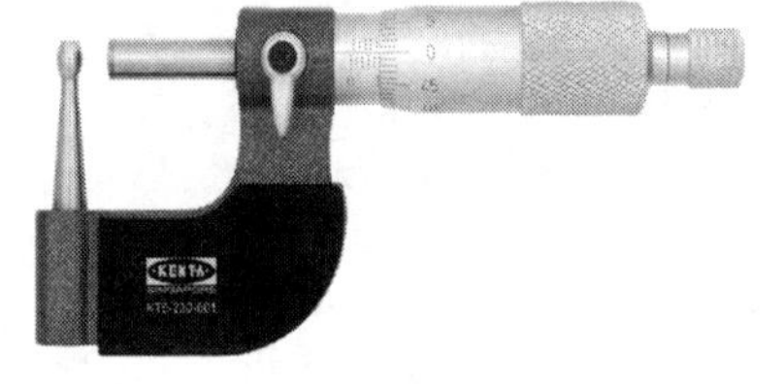

量具名称：壁厚千分尺

用途：________________

____

____

____

量具名称：螺旋型测微仪

用途：________________

____

____

____

量具名称：微型千斤顶

用途：________________

____

____

____

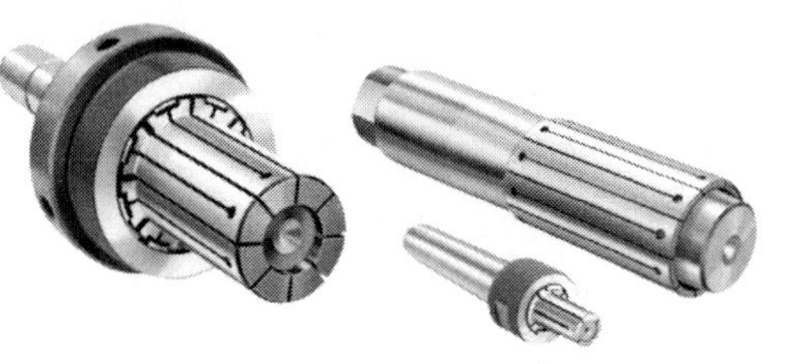

测量辅具名称：膨胀心轴

用途：________________

____

____

____

测量辅具名称：V 形铁

用途：________________

____

____

____

2. 检测端盖的平行度误差需准备哪些检具？画出平行度公差 |//|0.05|B| 的检测示意图，并说明具体的检测方法和步骤。

（1）所需检具：

（2）检测示意图：

（3）被测要素和基准的特征：

（4）检测方法和步骤：

3. 检测端盖的垂直度误差需准备哪些检具？画出垂直度公差 |⊥|0.06|A| 的检测示意图，并说明具体的检测方法和步骤。

（1）所需检具：

（2）检测示意图：

（3）被测要素和基准的特征：

（4）检测方法和步骤：

4. 本任务中检测位置度误差需准备哪些检具？画出位置度公差 |⌖|0.2|A|B| 的检测示意图，并说明具体的检测方法和步骤。

（1）所需检具：

（2）检测示意图：

（3）被测要素和基准的特征：

（4）检测方法和步骤：

5．本任务中检测同轴度误差需准备哪些检具？画出同轴度公差 |◎|0.03|A| 的检测示意图，并说明具体的检测方法和步骤。

（1）所需检具：

（2）检测示意图：

（3）被测要素和基准的特征：

（4）检测方法和步骤：

6. 通过小组讨论，根据被检测端盖图样的检测项目确定本任务需要用到的量具，并将其规格、精度等级填写在表 2—1—5 中。

表 2—1—5　　端盖检测所需量具

检测项目	量具（仪器）	规格	精度等级

四、制定检测方案（表 2—1—6）

表 2—1—6　　端盖零件检测方案

	检测卡片		产品型号			零件图号	
			产品名称			零件名称	
工序号	工序名称	车间	检测项目	技术要求	检测手段	检测方案	检测操作要求

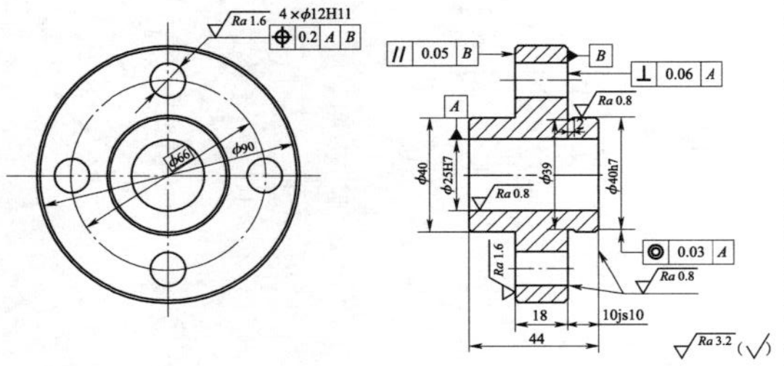

续表

工序号	工序名称	车间	检测项目	技术要求	检测手段	检测方案	检测操作要求

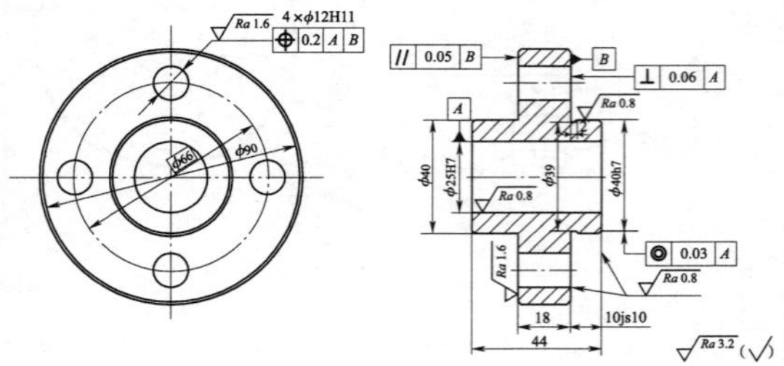

					编制（日期）	审核（日期）	会签（E期）	批准（日期）
标记	处数	更改文件号	签字	日期				

评价与分析

学习活动 1 评价表

班级＿＿＿＿　学生姓名＿＿＿＿　学号＿＿＿＿

项目	自我评价			小组评价			教师评价		
	10 ~ 9	8 ~ 6	5 ~ 1	10 ~ 9	8 ~ 6	5 ~ 1	10 ~ 9	8 ~ 6	5 ~ 1
	占总评 10%			占总评 30%			占总评 60%		
端盖图样分析									
收集信息									
量具选择									
检测方案的制定									
学习主动性									
协作精神									
工作态度									
纪律观念									
表达能力									
工作页质量									
小计									
总评									

任课教师：＿＿＿＿＿＿　年　月　日

学习活动2　检测零件，出具检测报告

学习目标

1. 能熟练使用量具对端盖的主要尺寸和表面粗糙度进行检测，并准确记录测量结果。

2. 能规范使用量具对端盖的几何公差进行检测。

3. 能规范填写端盖测量记录卡，并对端盖测量记录卡进行综合分析，形成端盖检测报告。

4. 能对不合格品产生原因进行简单分析，并提出返修意见。

5. 能按检测室现场管理规定和产品工艺流程的要求，正确放置端盖零件、检测用量具等。

建议学时　6学时

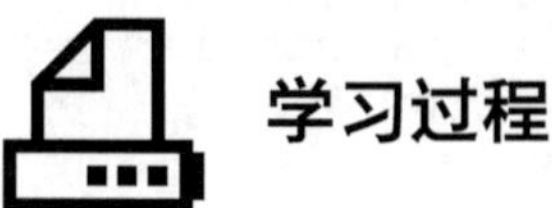

学习过程

一、准备量具及辅具

1. 填写量具及辅具清单（表2—2—1）并领取所需量具及辅具。

表2—2—1　　量具及辅具清单

序号	量具及辅具名称	规格	精度	数量	量具是否完好
1					
2					
3					

续表

序号	量具及辅具名称	规格	精度	数量	量具是否完好
4					
5					
6					
7					
8					
9					
10					
11					
12					

2. 偏摆仪主要用于检测轴类、盘类、套类等零件的圆度、圆柱度、同轴度、径向圆跳动和端面圆跳动等几何误差。仔细观察图 2—2—1，写出偏摆仪的使用方法和使用注意事项。

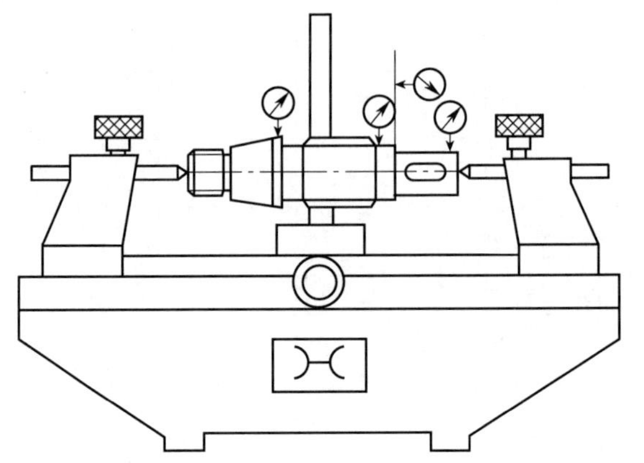

图 2—2—1　用偏摆仪检测轴类零件的圆度和圆柱度误差等

二、检测端盖零件，填写测量记录卡（表2—2—2）。

表2—2—2　　端盖测量记录卡

序号	检测内容		第1次	第2次	第3次	平均值	结论
1	主要尺寸	$\phi40h7$					
2		$\phi25H7$					
3		$\phi40$					
4		$\phi90$					
5		$\boxed{\phi66}$					
6		44					
7		18					
8		10js10					
9		$\phi12H11$（4处）					
10		$C1$					
11	几何公差	// 0.05 B					
12		⊥ 0.06 A					
13		⌖ 0.2 A B *					
14		◎ 0.03 A					
15	表面粗糙度	被测面	要求值	实际值	被测面	要求值	实际值
		$\phi25H7$ 内孔	Ra 0.8		$\phi90$ 左端面	Ra 1.6	
		10js10 两面			$\phi90$ 外圆	Ra 3.2	
		$\phi40h7$ 外圆			$\phi40$ 外圆		
		$4\times\phi12H11$ 内孔	Ra 1.6		$\phi40$ 端面		
表面粗糙度检测结论							

* 此位置度误差用一般通用量具进行测量较为复杂，教学中可根据专业需要选作此项检验。

三、撰写零件检测报告（表2—2—3），综合结论分析

表2—2—3　　零件检测报告

<table>
<tr><th colspan="2">零件名称</th><th>型号规格</th><th>数量</th><th>抽检比例</th><th>抽检数量</th></tr>
<tr><td colspan="2"></td><td></td><td></td><td></td><td></td></tr>
<tr><td>序号</td><td>检测项目</td><td colspan="2">技术要求</td><td>实测合格</td><td>检测员</td></tr>
<tr><td>1</td><td>外观质量</td><td colspan="2">产品不得有损伤、变形和锈蚀等</td><td></td><td></td></tr>
<tr><td>2</td><td>表面粗糙度</td><td colspan="2">符合图样的要求</td><td></td><td></td></tr>
<tr><td>3</td><td>几何尺寸</td><td colspan="2">符合图样的要求</td><td></td><td></td></tr>
<tr><td>4</td><td>垂直度</td><td colspan="2">符合图样的要求</td><td></td><td></td></tr>
<tr><td>5</td><td>平行度</td><td colspan="2">符合图样的要求</td><td></td><td></td></tr>
<tr><td>6</td><td>位置度</td><td colspan="2">符合图样的要求</td><td></td><td></td></tr>
<tr><td>7</td><td>同轴度</td><td colspan="2">符合图样的要求</td><td></td><td></td></tr>
<tr><td colspan="4">端盖检测结论</td><td></td><td></td></tr>
</table>

产生不合格品的情况分析（零件返修后是否可用）：

检测结论：

检测员：　　　　　　日期：

注：实测合格以“√”表示。

四、检测完毕，整理现场

1. 工具与量仪的维护保养

（1）偏摆仪使用结束后，你是如何进行维护保养和存放的?

1）维护保养过程：

2）存放：

（2）心轴使用结束后，你是如何进行维护保养和存放的?

1）维护保养过程：

2）存放：

（3）卡规使用结束后，你是如何进行维护保养和存放的?

1）维护保养过程：

2）存放：

（4）螺旋型测微仪（测量座）使用结束后，你是如何进行维护保养和存放的?

1）维护保养过程：

2）存放：

（5）磁性表座使用结束后，你是如何进行维护保养和存放的?

1）维护保养过程：

2）存放：

（6）百分表、千分表使用结束后，你是如何进行维护保养和存放的?

1）维护保养过程：

2）存放：

（7）微型千斤顶使用结束后，你是如何进行维护保养和存放的?

1）维护保养过程：

2）存放：

（8）V 形铁使用结束后，你是如何进行维护保养和存放的?

1）维护保养过程：

2）存放：

2．经检测合格的端盖零件你是如何放置的？不合格品又是如何处理的?

（1）合格品的放置：

（2）不合格品的处理：

3．检测完毕后，你有没有按照规定整理工作现场？存在的不足是如何改进的?

评价与分析

学习活动 2 评价表

班级__________　　学生姓名__________　　学号__________

项目	自我评价			小组评价			教师评价		
	10～9	8～6	5～1	10～9	8～6	5～1	10～9	8～6	5～1
	占总评 10%			占总评 30%			占总评 60%		
检测过程规范性									
检测报告									
整理现场									
回答问题									
学习主动性									
协作精神									
工作态度									
纪律观念									
表达能力									
工作页质量									
小计									
总评									

任课教师：__________　　年　　月　　日

学习活动3　展示、评价与总结

学习目标

1. 能按分组情况，分别派代表展示工作成果，说明本次任务的完成情况，并作分析总结。

2. 能结合自身任务完成情况，正确规范地撰写工作总结，内容详实。

3. 能就本次任务中出现的问题提出改进措施。

4. 了解三坐标测量仪的使用场合、结构和测量原理。

建议学时　3学时

学习过程

一、展示评价（个人、小组评价）

把个人的检测报告先进行分组展示，再由小组推荐代表作必要的介绍。在展示的过程中，以小组为单位进行评价；评价完成后，根据其他组成员对本组展示成果的评价意见进行归纳总结。完成如下项目：

1. 展示的检测报告真实可靠、完整准确吗?

很好□　　一般□　　不准确□

2. 本小组介绍成果表达是否清晰?

很好□　　一般，常补充□　　不清晰□

3. 本小组演示的端盖检测方法操作正确吗?

正确□　　部分正确□　　不正确□

4. 本小组演示操作时遵循了“5S”的工作要求吗？

符合工作要求□　　忽略了部分要求□　　完全没有遵循□

5. 本小组的检测量具、量仪保养完好吗？

良好□　　一般□　　不合要求□

6. 本小组的成员团队创新精神如何？

良好□　　一般□　　不足□

二、教师评价

教师对展示的检测报告分别作评价。

1. 找出各组的优点进行点评。

2. 对展示过程中各组的缺点进行点评，提出改进方法。

3. 对整个任务完成中出现的亮点和不足进行点评。

三、总结提升

1. 在检测过程中你遇到了哪些问题？是什么原因导致的？你的改进措施是什么？

2. 结合自身任务完成情况，通过交流讨论等方式较全面规范地撰写本次任务的工作总结。

工作总结（心得体会）

___

___

___

___

___

___

___

3．在本次端盖检测任务中涉及的许多几何形状、组成要素位置坐标等的高精度检测也可用三坐标测量仪进行检测。三坐标测量仪是指在一个六面体的空间范围内，能够表现几何形状、长度及圆周分度等测量能力的仪器，如图2—3—1所示。其广泛应用于汽车、电子、机械、模具等制造领域中，可以对箱体、机架、齿轮、凸轮、蜗轮、蜗杆、叶片、曲线、曲面等进行精密检测。试通过网络查询或查阅相关手册等资讯方式，明确三坐标测量仪的使用场合、总体结构、测量原理、主要技术规格与精度等内容。

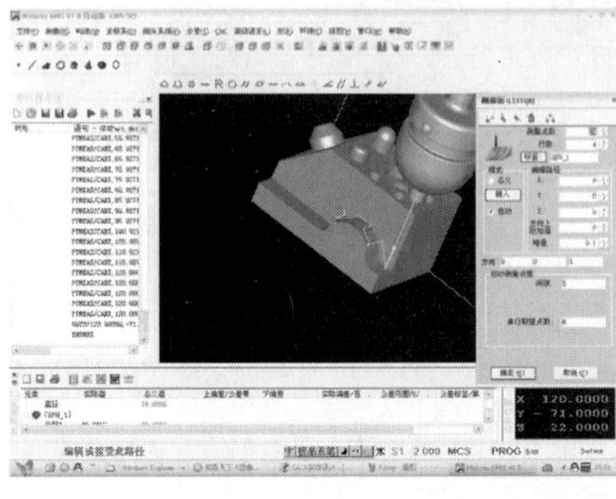

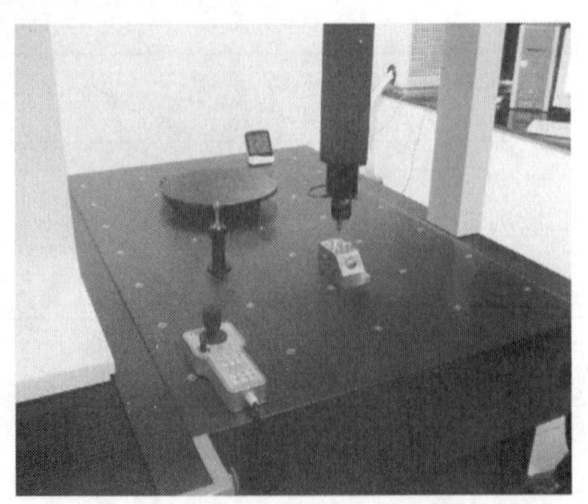

图2—3—1　三坐标测量仪

（1）三坐标测量仪的使用场合：

（2）三坐标测量仪的总体结构：

（3）三坐标测量仪的测量原理：

（4）三坐标测量仪的主要技术规格与精度：

评价与分析

学习任务二评价表

班级__________ 学生姓名__________ 学号__________

项目	自我评价			小组评价			教师评价		
	10 ~ 9	8 ~ 6	5 ~ 1	10 ~ 9	8 ~ 6	5 ~ 1	10 ~ 9	8 ~ 6	5 ~ 1
	占总评 10%			占总评 30%			占总评 60%		
学习活动 1									
学习活动 2									
学习活动 3									
表达能力									
协作精神									
纪律观念									
工作态度									
分析能力									
操作规范性									
任务总体表现									
小计									
总评									

任课教师：________________ 年 月 日

学习任务三　齿轮的检测

学习目标

1. 能熟练识读检测任务单，明确检测任务。

2. 能识读齿轮类零件图样，明确齿轮类零件的结构特点、各尺寸精度要求、相关几何公差的含义等。

3. 能根据检测要素及其要求，选择恰当的测量方法及量具，并制定合理的检测方案。

4. 能通过查阅相关技术文件，明确本次任务涉及量具的使用方法和保养措施。

5. 能规范使用量具、量仪与辅具对齿轮类零件进行检测，并正确读数、准确记录测量结果。

6. 了解投影仪的使用场合。

7. 能对齿轮检测结果进行分析，并对不合格产品提出返修意见，形成检测报告。

8. 能按检测室现场管理规定和产品工艺流程的要求，正确放置齿轮类零件以及检测用量具、量仪与辅具，并整理现场。

9. 能主动获取有效信息，展示工作成果，对学习与工作进行反思总结，并能与他人开展良好合作，进行有效的沟通。

建议学时

24 学时

工作情境描述

某工厂承接了30件直齿圆柱齿轮的加工任务，现已完成加工，需送检测室进行终检，要求检测组按照检测任务单和图样要求在3天内完成检测工作，最终提交检测报告。

工作流程与活动

学习活动 1　分析任务要求，制定检测方案

学习活动 2　检测零件，出具检测报告

学习活动 3　展示、评价与总结

学习活动 1　分析任务要求，制定检测方案

学习目标

1. 能熟练识读齿轮检测任务单，明确检测任务。

2. 能识读标准直齿圆柱齿轮零件图样，明确齿轮的结构特点、各尺寸精度要求、相关几何公差的含义等。

3. 能通过查阅相关手册计算齿轮的基本参数。

4. 能通过查阅相关技术文件，根据检测要求合理选择检测齿轮所需的量具、量仪与辅具，并能描述所选量具、量仪的规格、精度等级等内容。

5. 能根据检测要求制定合理的检测方案。

建议学时　8 学时

学习过程

领取齿轮的检测任务单、零件图样，明确本次检测任务的内容，制定检测方案。

一、阅读检测任务单（表 3—1—1）

表 3—1—1　　检测任务单

单位名称		××企业			完成时间	2013 年 3 月 16 日	
序号	产品名称	材料	来料数量	检测数量	技术标准、质量要求		
1	直齿圆柱齿轮	45 钢	30 件	30 件	按图样要求		
2							
3							
检测批准时间		2013 年 3 月 11 日		批准人			
通知任务时间		2013 年 3 月 12 日		发单人			
接单时间		2013 年 3 月 13 日		接单人		生产班组	检测组

1. 本次检测任务需要检测产品的名称：________；材料：________；数量：________。

2. 本次齿轮检测任务的工作周期为多少天？你计划如何分配任务来完成齿轮的检测？

3. 作为最主要的机械传动方式之一，齿轮传动一直广泛应用于金属切削机床、工程机械、冶金机械以及交通运输设备中。你能列举出 3 ~ 5 处应用齿轮传动的场合吗？为什么齿轮传动的应用如此广泛？其传动特点是什么？

4. 仔细观察图 3—1—1 所示齿轮传动实例，分组讨论齿轮传动具有哪些功用，影响齿轮正常工作的因素有哪些。

图 3—1—1　齿轮传动实例

（1）齿轮的功用：

（2）影响齿轮正常工作的因素：

5．齿轮传动的类型很多，如图 3—1—2 所示，你能说出它们分别属于哪种齿轮传动类型吗？填写在对应的括号内。本次任务要检测的齿轮常应用于哪种类型的齿轮传动？

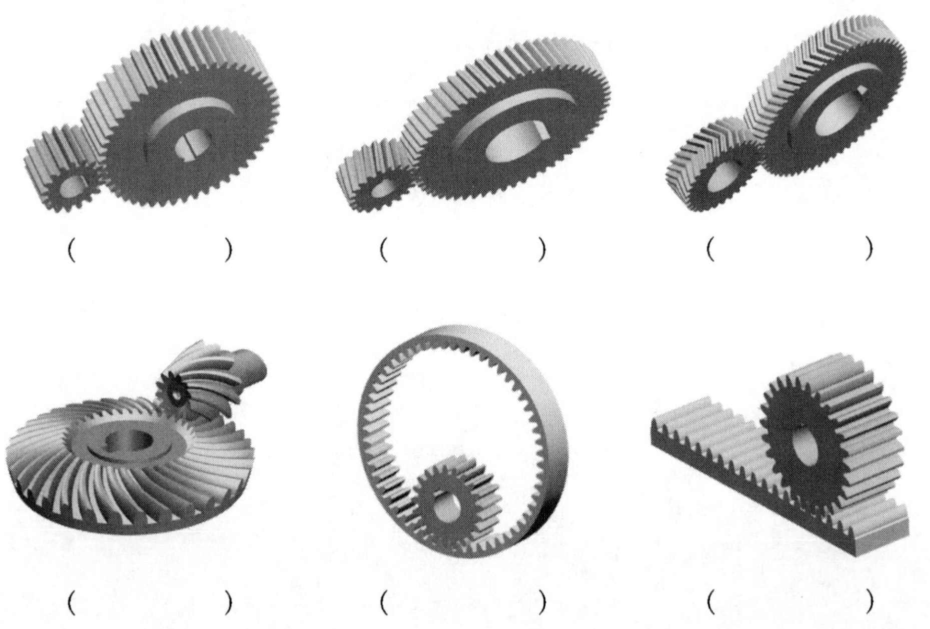

(　　　　　)　　　　(　　　　　)　　　　(　　　　　)

图 3—1—2　齿轮传动类型

6. 各个齿轮的大小不同、规格不一，为了能清楚准确地描述每一个特定齿轮的结构、大小，国家标准规定了齿轮的基本尺寸参数。试在图 3—1—3 中标出渐开线直齿圆柱齿轮的基本尺寸代号，并写出各基本尺寸参数的名称、含义。

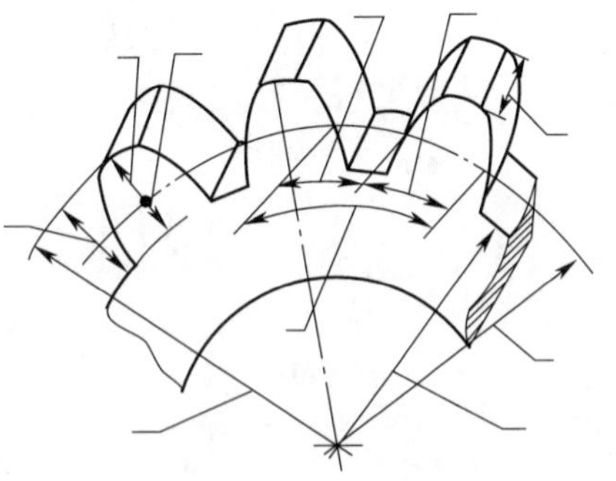

图 3—1—3　渐开线直齿圆柱齿轮

（1）基本尺寸参数名称:

（2）基本尺寸参数含义：

7. 一对标准直齿圆柱齿轮能正确啮合传动需要满足怎样的条件？

8. 为了保证齿轮能正常有效工作，你认为检测齿轮时应重点检测哪些项目？

二、分析零件图（图 3—1—4）

a）立体图

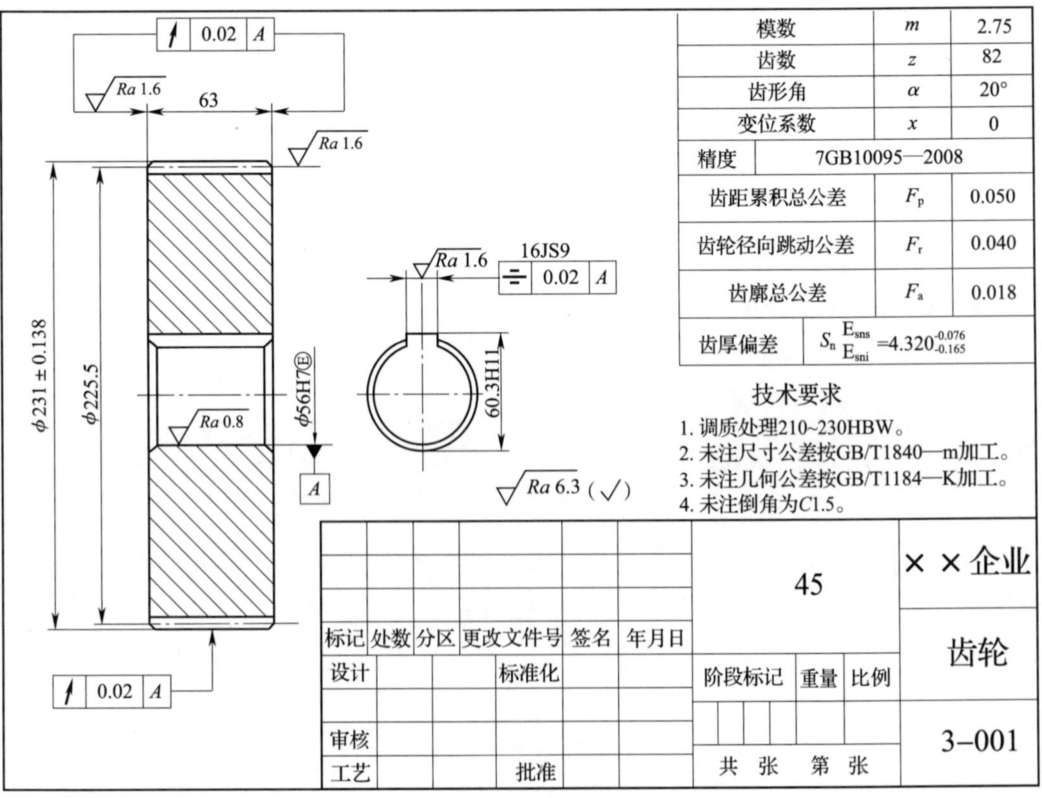

b）零件图

图 3—1—4　齿轮

1. 根据图3—1—4中已知基本参数，计算出渐开线标准直齿圆柱齿轮的几何尺寸，并把结果填写在表3—1—2中。

表3—1—2　　外啮合标准直齿圆柱齿轮的几何尺寸计算

名称	代号	计算公式	结果
齿形角	α	（标准齿轮为20°）	
齿数	z	（由传动比计算确定）	
模数	m	（根据结构设计、计算确定）	
变位系数	x	（根据结构设计确定）	
齿厚	s	$s=\frac{p}{2}=\frac{\pi m}{2}$	
齿槽宽	e	$e=\frac{p}{2}=\frac{\pi m}{2}$	
齿距	p	$p=\pi m$	
齿顶高	h_a	$h_a=h_a{}^{*}m=m$	
齿根高	h_f	$h_f=(h_a{}^{*}+c^{*})m=1.25m$	
齿高	h	$h=h_a+h_f=2.25m$	
分度圆直径	d	$d=mz$	
齿顶圆直径	d_a	$d_a=d+2h_a=m(z+2)$	
齿根圆直径	d_f	$d_f=d-2h_f=m(z-2.5)$	
基圆直径	d_b	$d_b=d\cos\alpha$	
标准中心距	a	$a=d_1+d_2=m(z_1+z_2)/2$（外啮合）	

2. 通过查阅公差与配合等相关资料，确定齿轮零件标注尺寸的公差数值和尺寸范围，并记录在表3—1—3中。

表3—1—3　　齿轮零件的尺寸要求

序号	标注尺寸	公差数值	尺寸范围
1	ϕ56H7		
2	16JS9		
3	60.3H11		
4	63		

3．写出齿轮零件的几何公差要求，并将其对应含义填写在表3—1—4中。

表3—1—4　　齿轮零件各几何公差的含义

序号	几何公差	几何公差含义
1		
2		
3		
4		

4．写出齿轮零件的表面粗糙度要求，并将其对应含义填写在表3—1—5中。

表3—1—5　　齿轮零件各表面粗糙度的含义

序号	表面粗糙度	表面粗糙度含义
1		
2		
3		

5．想一想，要保证各种仪器设备的工作性能、精度、承载能力和使用寿命等满足工作要求，对齿轮传动的性能应该有哪些方面的要求？

6. 观察图 3—1—5 所示齿轮传动应用实例，分组讨论齿轮误差有哪些形式。

图 3—1—5　齿轮传动应用实例

7. 齿轮齿距的变化会直接影响齿轮传动的平稳性和运动准确性等，因此齿轮检测时必须要确保齿距偏差在允许范围内。而齿轮齿距的测量通常需要专门的精密量仪，所以实际中常用测量齿轮公法线长度的方法来检测齿轮齿距参数是否符合精度要求。根据图样信息计算被检齿轮的公法线长度。

8. 查阅相关资料，说出图 3—1—4b 右上角表中各代号的含义，并记录在表 3—1—6 中。

表 3—1—6 齿轮误差和精度要求

序号	代号	代号含义
1	F_p	
2	F_r	
3	F_a	
4	S_n	
5	7GB 10095. 1—2008	
6	7GB 10095. 2—2008	

9. 根据图样分析，列写出本任务的检测项目。

三、根据检测要求，选择检具

1. 仔细观察以下常用量具，通过网络查询或查阅相关手册等资讯方式，说明这些常用量具的用途。

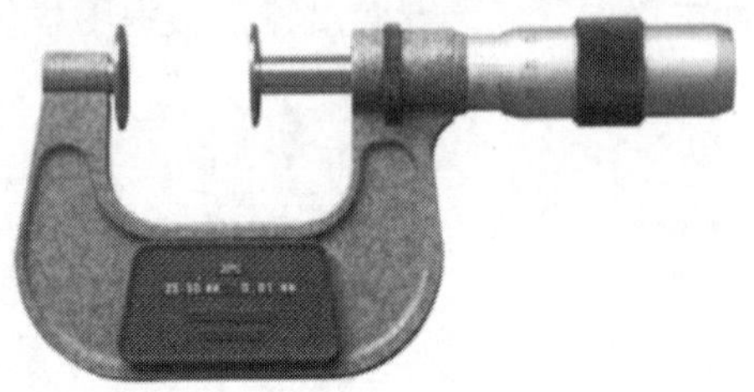

量具名称：公法线千分尺

用途：________________

____

____

____

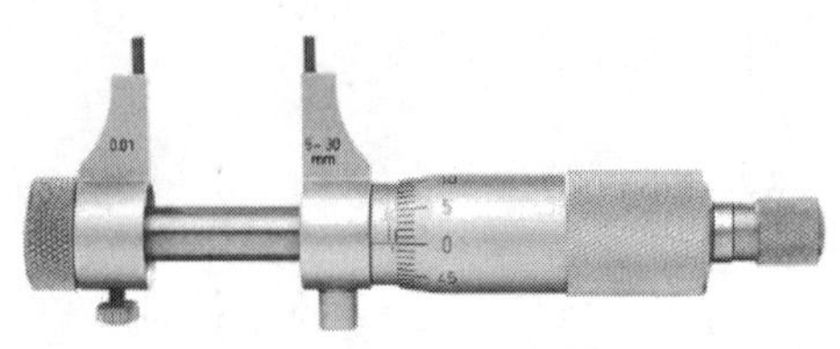

量具名称：内径千分尺

用途：________________

____

____

____

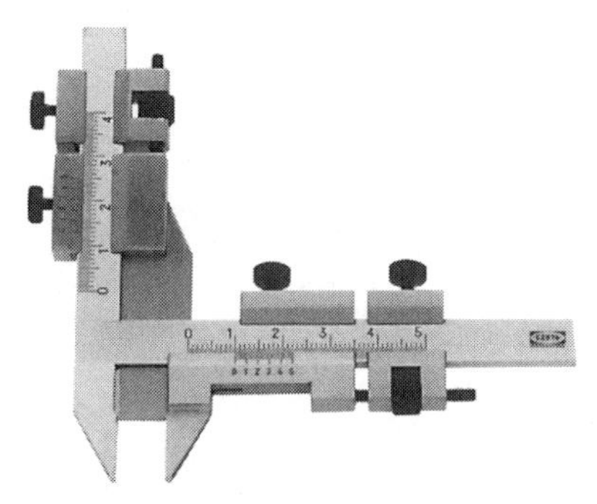

量具名称：齿厚游标卡尺

用途：________________

____

____

____

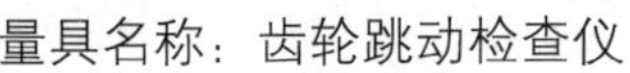

量具名称：齿轮跳动检查仪

用途：________________

____

____

____

2．检测齿轮的端面圆跳动误差需准备哪些检具？画出齿轮端面圆跳动公差 | ↗ | 0.02 | A | 的检测示意图，并说明具体的检测方法和步骤。

（1）所需检具：

（2）检测示意图：

（3）被测要素和基准的特征：

（4）检测方法和步骤：

3．检测齿轮的径向跳动误差需准备哪些检具？画出齿轮径向跳动公差的检测示意图，并说明具体的检测方法和步骤。

（1）所需检具：

（2）检测示意图：

（3）被测要素和基准的特征：

（4）检测方法和步骤：

4. 本任务中检测对称度误差需准备哪些检具？画出对称度公差 |⌯|0.02|A| 的检测示意图，并说明检测方法和具体步骤。

（1）所需检具：

（2）检测示意图：

（3）被测要素和基准的特征：

（4）检测方法和步骤：

5. 通过小组讨论，根据被检测齿轮图样的检测项目确定本任务需要用到的量具，并将其规格、精度等级填写在表 3—1—7 中。

表 3—1—7 齿轮检测所需量具

检测项目	量具（仪器）	规格	精度等级

四、制定检测方案（表3—1—8）

表 3—1—8　　齿轮零件检测方案

		检测卡片	产品型号		零件图号		
			产品名称		零件名称		
工序号	工序名称	车间	检测项目	技术要求	检测手段	检测方案	检测操作要求

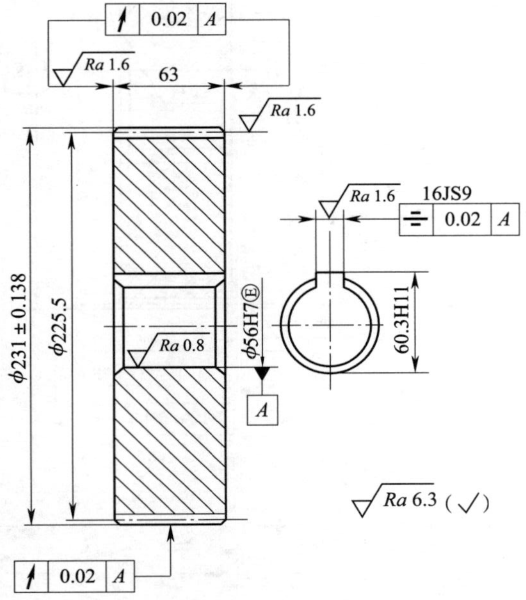

0.02 A
Ra 1.6
63
Ra 1.6
Ra 1.6
16JS9
0.02 A
ϕ231 ± 0.138
ϕ225.5
Ra 0.8
ϕ56H7Ⓔ
A
60.3H11
Ra 6.3（√）
0.02 A

续表

<table>
<tr><td>工序号</td><td>工序名称</td><td>车间</td><td rowspan="2">检测项目</td><td rowspan="2">技术要求</td><td rowspan="2">检测手段</td><td rowspan="2">检测方案</td><td rowspan="2">检测操作要求</td></tr>
<tr><td></td><td></td><td></td></tr>
<tr><td colspan="3" rowspan="8"> 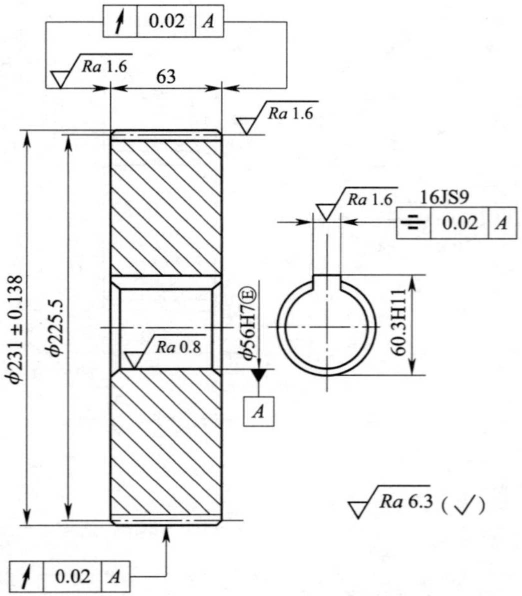0.02 A
Ra 1.6
63
Ra 1.6
φ231±0.138
φ225.5
Ra 0.8
φ56H7Ⓔ
A
Ra 1.6
16JS9
0.02 A
60.3H11
0.02 A
Ra 6.3 (√)</td><td></td><td></td><td></td><td></td><td></td></tr>
<tr><td></td><td></td><td></td><td></td><td></td></tr>
<tr><td></td><td></td><td></td><td></td><td></td></tr>
<tr><td></td><td></td><td></td><td></td><td></td></tr>
<tr><td></td><td></td><td></td><td></td><td></td></tr>
<tr><td></td><td></td><td></td><td></td><td></td></tr>
<tr><td></td><td></td><td></td><td></td><td></td></tr>
<tr><td></td><td></td><td></td><td></td><td></td></tr>
</table>

<table>
<tr><td></td><td></td><td></td><td></td><td></td><td>编制（日期）</td><td>审核（日期）</td><td>会签（日期）</td><td>批准（日期）</td></tr>
<tr><td></td><td></td><td></td><td></td><td></td><td rowspan="2"></td><td rowspan="2"></td><td rowspan="2"></td><td rowspan="2"></td></tr>
<tr><td>标记</td><td>处数</td><td>更改文件号</td><td>签字</td><td>日期</td></tr>
</table>

评价与分析

学习活动 1 评价表

班级__________　　学生姓名__________　　学号__________

项目	自我评价			小组评价			教师评价		
	10 ~ 9	8 ~ 6	5 ~ 1	10 ~ 9	8 ~ 6	5 ~ 1	10 ~ 9	8 ~ 6	5 ~ 1
	占总评 10%			占总评 30%			占总评 60%		
齿轮图样分析									
收集信息									
量具选择									
检测方案的制定									
学习主动性									
协作精神									
工作态度									
纪律观念									
表达能力									
工作页质量									
小计									
总评									

任课教师：__________________　　年　　月　　日

学习活动 2　检测零件，出具检测报告

学习目标

1. 能正确测量标准直齿圆柱齿轮的齿顶圆直径、齿轮厚度、齿轮内孔直径、键槽宽度等尺寸。

2. 能正确测量标准直齿圆柱齿轮的齿厚偏差。

3. 能正确测量标准直齿圆柱齿轮的公法线长度偏差。

4. 能正确测量标准直齿圆柱齿轮的齿轮径向跳动误差。

5. 能规范填写齿轮测量记录卡，并对齿轮测量记录卡进行综合分析，形成齿轮检测报告。

6. 能对不合格品产生原因进行简单分析，并提出返修意见。

7. 能按检测室现场管理规定和产品工艺流程的要求，正确放置齿轮零件、检测用量具。

建议学时　12 学时

学习过程

一、准备量具及辅具

1. 填写量具及辅具清单（表 3—2—1）并领取所需量具及辅具。

表 3—2—1　　量具及辅具清单

序号	量具及辅具名称	规格	精度	数量	量具是否完好
1					
2					
3					
4					
5					
6					
7					
8					
9					
10					
11					
12					

2．如图 3—2—1 所示量仪测量的是直齿圆柱齿轮的哪一个精度参数？图示检测量仪各构件的名称是什么？写出用其检测齿轮参数的具体步骤和使用注意事项。

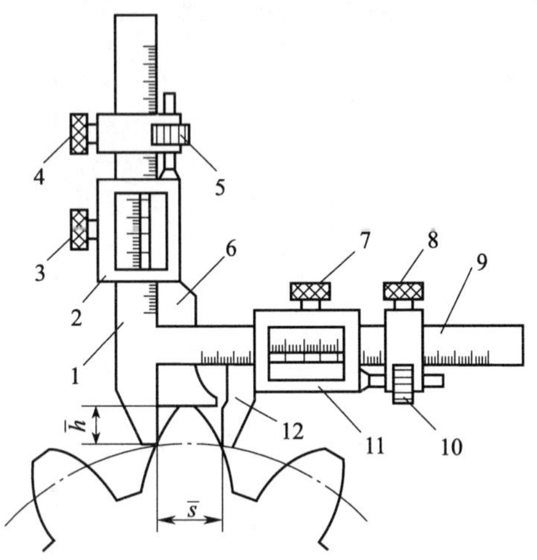

图 3—2—1　检测齿轮参数示意图（一）

（1）测量的参数是：____________________。

（2）各组成构件的名称：

（3）具体的测量步骤：

（4）使用注意事项：

3．如图 3—2—2 所示量仪测量的是直齿圆柱齿轮的哪一个精度参数？写出用其检测齿轮参数的测量原理、具体测量步骤和使用注意事项。

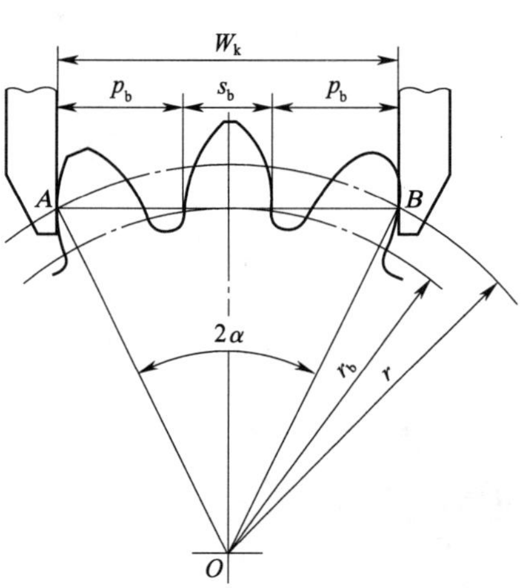

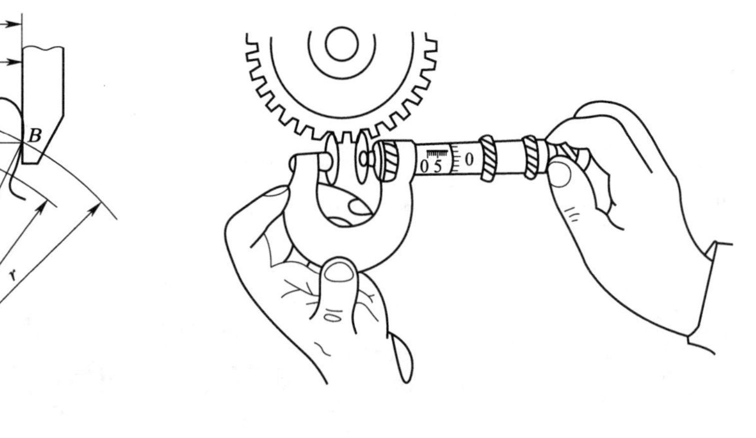

图 3—2—2　检测齿轮参数示意图（二）

（1）测量的参数是：____________________。

（2）测量原理：

（3）具体的测量步骤：

（4）使用注意事项：

4．如图3—2—3所示量仪测量的是直齿圆柱齿轮的哪一个精度参数？应如何使用该量仪来检测齿轮相关参数，有哪些使用注意事项？

图3—2—3　检测齿轮参数示意图（三）

（1）测量的参数是：____________________。

（2）具体的测量步骤：

（3）使用注意事项：

5. 如图 3—2—4 所示量仪测量的是直齿圆柱齿轮的哪一个精度参数？应如何使用该量仪来检测齿轮相关参数，有哪些使用注意事项?

图 3—2—4　检测齿轮参数示意图（四）

（1）测量的参数是：____________________。

（2）具体的测量步骤：

（3）使用注意事项：

二、检测齿轮零件，填写测量记录卡

1. 检测齿轮外形尺寸与端面圆跳动、位置度误差，并填写测量记录卡（表3—2—2）。

表3—2—2　　齿轮外形尺寸与端面圆跳动、位置度测量记录卡

<table>
<tr><td rowspan="2">齿轮参数</td><td>模数 m</td><td colspan="2">齿数 z</td><td colspan="2">齿形角 α</td><td colspan="2">齿轮精度等级</td></tr>
<tr><td></td><td colspan="2"></td><td colspan="2"></td><td colspan="2"></td></tr>
<tr><td colspan="2" rowspan="2">检测项目</td><td rowspan="2">公称值（mm）</td><td colspan="4">实际值（mm）</td><td rowspan="2">结论</td></tr>
<tr><td>第1次</td><td>第2次</td><td>第3次</td><td>平均值</td></tr>
<tr><td rowspan="5">齿轮外形尺寸</td><td>齿顶圆直径</td><td></td><td></td><td></td><td></td><td></td><td></td></tr>
<tr><td>齿轮厚度</td><td></td><td></td><td></td><td></td><td></td><td></td></tr>
<tr><td>齿轮内孔直径</td><td></td><td></td><td></td><td></td><td></td><td></td></tr>
<tr><td>键槽宽度</td><td></td><td></td><td></td><td></td><td></td><td></td></tr>
<tr><td>尺寸60.3H11</td><td></td><td></td><td></td><td></td><td></td><td></td></tr>
<tr><td rowspan="3">几何公差</td><td>左端面圆跳动</td><td></td><td></td><td></td><td></td><td></td><td></td></tr>
<tr><td>右端面圆跳动</td><td></td><td></td><td></td><td></td><td></td><td></td></tr>
<tr><td>对称度*</td><td></td><td></td><td></td><td></td><td></td><td></td></tr>
<tr><td rowspan="4">表面粗糙度</td><td>被测面</td><td>要求值</td><td>实际值</td><td>被测面</td><td>要求值</td><td colspan="2">实际值</td></tr>
<tr><td>左端面</td><td></td><td></td><td>内孔</td><td></td><td colspan="2"></td></tr>
<tr><td>右端面</td><td></td><td></td><td>齿面</td><td></td><td colspan="2"></td></tr>
<tr><td>键槽侧面</td><td></td><td></td><td>齿顶面</td><td></td><td colspan="2"></td></tr>
<tr><td colspan="2">表面粗糙度检测结论</td><td colspan="6"></td></tr>
<tr><td colspan="2">加工后是否可用</td><td colspan="6"></td></tr>
</table>

分析（误差产生原因，改进措施）：

* 此对称度误差用一般通用量具进行测量较为复杂，教学中可根据专业需要选作此项检验。

2. 检测齿轮齿厚偏差，并填写测量记录卡（表 3—2—3）。

表 3—2—3　齿轮齿厚偏差测量记录卡

<table>
<tr><td rowspan="7">被测齿轮参数及有关尺寸</td><td>模数 m</td><td colspan="2">齿数 z</td><td colspan="2">齿形角 α</td><td colspan="2">齿轮精度等级</td></tr>
<tr><td></td><td colspan="2"></td><td colspan="2"></td><td colspan="2" rowspan="3"></td></tr>
<tr><td>齿顶圆公称直径 d_a（mm）</td><td colspan="2">齿顶圆实际直径 d_{ac}（mm）</td><td colspan="2">齿顶圆实际偏差（mm）</td></tr>
<tr><td></td><td colspan="2"></td><td colspan="2"></td></tr>
<tr><td colspan="7">分度圆弦齿高 $= m\left[1+\frac{z}{2}\left(1-\cos\frac{90°}{z}\right)\right]-\frac{d_a-d_{ac}}{2}=$　　（mm）</td></tr>
<tr><td colspan="7">分度圆公称弦齿厚 $= mz\sin\frac{90°}{z}=$　　（mm）</td></tr>
<tr><td colspan="7">齿厚上偏差 $E_{sns}=$　　（mm）
齿厚下偏差 $E_{sni}=$　　（mm）</td></tr>
<tr><td rowspan="3">测量记录</td><td>序号（均匀测量）</td><td>1</td><td>2</td><td>3</td><td>4</td><td>5</td><td>平均值</td></tr>
<tr><td>齿厚实测值（mm）</td><td></td><td></td><td></td><td></td><td></td><td></td></tr>
<tr><td>结论</td><td colspan="6"></td></tr>
<tr><td colspan="2">加工后是否可用</td><td colspan="6"></td></tr>
</table>

分析（误差产生原因，改进措施）：

3．检测齿轮公法线长度偏差，并填写测量记录卡（表3—2—4）。

表3—2—4　　齿轮公法线长度偏差测量记录卡

<table>
<tr><td rowspan="6">被测齿轮参数及有关尺寸</td><td colspan="2">模数 m</td><td colspan="2">齿数 z</td><td colspan="2">齿形角 α</td><td>齿轮精度等级</td></tr>
<tr><td colspan="2"></td><td colspan="2"></td><td colspan="2"></td><td></td></tr>
<tr><td colspan="7">跨齿数 $k=\frac{z}{9}+\frac{1}{2}=$</td></tr>
<tr><td colspan="7">公法线公称长度 $W=m\,[1.476\,(2k-1)\;+0.014z]\;=$　　(mm)</td></tr>
<tr><td colspan="7">齿厚上偏差 $E_{sns}=$　　(mm)
齿厚下偏差 $E_{sni}=$　　(mm)</td></tr>
<tr><td colspan="7">公法线平均长度的上偏差 $E_{bns}=E_{sns}\cdot\cos\alpha-0.72F_r\cdot\sin\alpha=$　　(mm)
公法线平均长度的下偏差 $E_{bni}=E_{sni}\cdot\cos\alpha+0.72F_r\cdot\sin\alpha=$　　(mm)</td></tr>
<tr><td rowspan="2">测量记录</td><td>序号（均匀测量）</td><td>1</td><td>2</td><td>3</td><td>4</td><td>5</td><td>平均值</td></tr>
<tr><td>公法线长度（mm）</td><td></td><td></td><td></td><td></td><td></td><td></td></tr>
<tr><td rowspan="2">测量结果</td><td colspan="7">公法线平均长度 $\overline{W}=$　　(mm)</td></tr>
<tr><td colspan="7">公法线长度偏差 $E_w=\overline{W}-W\;=$　　(mm)</td></tr>
<tr><td>结论</td><td colspan="7"></td></tr>
<tr><td colspan="2">加工后是否可用</td><td colspan="6"></td></tr>
</table>

分析（误差产生原因，改进措施）：

4. 检测齿轮径向跳动误差，并填写测量记录卡（表3—2—5）。

表3—2—5　齿轮径向跳动测量记录卡

齿轮参数	模数 m	齿数 z	齿形角 α	齿轮精度等级	齿轮径向跳动公差 F_r（μm）
测量记录	1			10	
	2			11	
	3			12	
	4			13	
	5			14	
	6			15	
	7			16	
	8			17	
	9			18	
测量结果	齿轮径向跳动误差		$F_r' =$		（μm）
加工后是否可用					

分析（误差产生原因，改进措施）：

三、撰写零件检测报告（表3—2—6），综合结论分析

表3—2—6 零件检测报告

<table>
<tr><th colspan="2">零件名称</th><th>型号规格</th><th>数量</th><th>抽检比例</th><th>抽检数量</th></tr>
<tr><td colspan="2"></td><td></td><td></td><td></td><td></td></tr>
<tr><td>序号</td><td>检测项目</td><td colspan="2">技术要求</td><td>实测合格</td><td>检测员</td></tr>
<tr><td>1</td><td>外观质量</td><td colspan="2">产品不得有损伤、变形和锈蚀等</td><td></td><td></td></tr>
<tr><td>2</td><td>表面粗糙度</td><td colspan="2">符合图样的要求</td><td></td><td></td></tr>
<tr><td>3</td><td>几何尺寸</td><td colspan="2">符合图样的要求</td><td></td><td></td></tr>
<tr><td>4</td><td>端面圆跳动</td><td colspan="2">符合图样的要求</td><td></td><td></td></tr>
<tr><td>5</td><td>齿厚偏差</td><td colspan="2">符合图样的要求</td><td></td><td></td></tr>
<tr><td>6</td><td>公法线长度偏差</td><td colspan="2">符合图样的要求</td><td></td><td></td></tr>
<tr><td>7</td><td>齿轮径向跳动</td><td colspan="2">符合图样的要求</td><td></td><td></td></tr>
<tr><td>8</td><td>齿圈对称度</td><td colspan="2">符合图样的要求</td><td></td><td></td></tr>
<tr><td colspan="4">齿轮检测结论</td><td></td><td></td></tr>
</table>

产生不合格品的情况分析（零件返修后是否可用）：

检测结论：

检测员： 日期：

注：实测合格以“√”表示。

四、检测完毕，整理现场

1．工具与量仪的维护保养

（1）内径千分尺使用结束后，你是如何进行维护保养和存放的？

1）维护保养过程：

2）存放：

（2）公法线千分尺使用结束后，你是如何进行维护保养和存放的？

1）维护保养过程：

2）存放：

（3）齿轮跳动检查仪使用结束后，你是如何进行维护保养和存放的？

1）维护保养过程：

2）存放：

（4）齿厚游标卡尺使用结束后，你是如何进行维护保养和存放的?

1）维护保养过程：

2）存放：

2. 经检测合格的齿轮零件你是如何放置的？不合格品又是如何处理的?

（1）合格品的放置：

（2）不合格品的处理：

评价与分析

学习活动 2 评价表

班级__________　　学生姓名__________　　学号__________

项目	自我评价			小组评价			教师评价		
	10～9	8～6	5～1	10～9	8～6	5～1	10～9	8～6	5～1
	占总评 10%			占总评 30%			占总评 60%		
检测过程规范性									
检测报告									
整理现场									
回答问题									
学习主动性									
协作精神									
工作态度									
纪律观念									
表达能力									
工作页质量									
小计									
总评									

任课教师：________________　　年　月　日

学习活动3　展示、评价与总结

学习目标

1. 能按分组情况，分别派代表展示工作成果，说明本次任务的完成情况，并作分析总结。

2. 能结合自身任务完成情况，正确规范地撰写工作总结，内容详实。

3. 能就本次任务中出现的问题提出改进措施。

4. 了解投影仪的使用场合、结构和测量原理。

建议学时　4学时

学习过程

一、展示评价（个人、小组评价）

把个人的检测报告先进行分组展示，再由小组推荐代表作必要的介绍。在展示的过程中，以小组为单位进行评价；评价完成后，根据其他组成员对本组展示成果的评价意见进行归纳总结。完成如下项目：

1. 展示的检测报告真实可靠、完整准确吗？

很好□　　　　一般□　　　　不准确□

2. 本小组介绍成果表达是否清晰？

很好□　　　　一般，常补充□　　　　不清晰□

3. 本小组演示的齿轮检测方法操作正确吗？

正确□　　　　部分正确□　　　　不正确□

4. 本小组演示操作时遵循了“5S”的工作要求吗？

符合工作要求□　　忽略了部分要求□　　完全没有遵循□

5. 本小组的检测量具、量仪保养完好吗?

良好□　　一般□　　不合要求□

6. 本小组的成员团队创新精神如何?

良好□　　一般□　　不足□

二、教师评价

教师对展示的检测报告分别作评价。

1. 找出各组的优点进行点评。

2. 对展示过程中各组的缺点进行点评，提出改进方法。

3. 对整个任务完成中出现的亮点和不足进行点评。

三、总结提升

1. 你使用过的游标卡尺有哪些，其规格、精度如何? 在应用方面有哪些不同? 除此之外，常用的游标卡尺还有哪些?

2. 你使用过的千分尺有哪些，其规格、精度如何? 在应用方面又有哪些不同?

3. 在检测过程中你遇到了哪些问题？是什么原因导致的？你的改进措施是什么？

4. 试结合自身任务完成情况，通过交流讨论等方式较全面规范地撰写本次任务的工作总结。

工作总结（心得体会）

5．本次齿轮检测任务中，采用的是公法线千分尺、齿厚游标卡尺、偏摆仪、千分表等常规量仪、量具来检测得出结果，其效率低、难以满足大批量齿轮检测的需要。在生产企业中，为提高检测效率，对于高精度的齿轮检测一般采用投影仪等检测仪器，如图3—3—1所示。试通过网络查询或查阅相关技术文件等资讯方式，明确投影仪的使用场合、总体结构、测量原理、主要技术规格与精度等内容。

（1）投影仪的使用场合：

图3—3—1　投影仪

（2）投影仪的总体结构：

（3）投影仪的测量原理：

（4）投影仪的主要技术规格与精度：

评价与分析

学习任务三评价表

班级__________ 学生姓名__________ 学号__________

项目	自我评价			小组评价			教师评价		
	10 ~ 9	8 ~ 6	5 ~ 1	10 ~ 9	8 ~ 6	5 ~ 1	10 ~ 9	8 ~ 6	5 ~ 1
	占总评 10%			占总评 30%			占总评 60%		
学习活动 1									
学习活动 2									
学习活动 3									
表达能力									
协作精神									
纪律观念									
工作态度									
分析能力									
操作规范性									
任务总体表现									
小计									
总评									

任课教师：________________ 年 月 日

学习任务四　信笺笔座的检测

1. 能熟练识读检测任务单，明确检测任务。

2. 能通过查阅相关技术文件，明确硬铝的材料牌号和热处理方法。

3. 能通过查阅国家制图标准等相关资料，明确六个基本视图的配置和剖视图的绘制方法。

4. 能识读组合零件图样，明确组合零件的结构特点、各尺寸精度要求、相关几何公差的含义等。

5. 能根据检测要素及其要求，选择恰当的测量方法及量具，并制定合理的检测方案。

6. 能通过查阅相关技术文件，明确本次任务涉及量具的使用方法和保养措施。

7. 能规范使用量具、量仪与辅具对组合零件进行检测，并正确读数、准确记录测量结果。

8. 了解圆度仪的使用场合。

9. 能对信笺笔座检测结果进行分析，并对不合格产品提出返修意见，形成检测报告。

10. 能按检测室现场管理规定和产品工艺流程的要求，正确放置组合零件以及检测用量具、量仪与辅具，并整理现场。

11. 能主动获取有效信息，展示工作成果，对学习与工作进行反思总结，并能与他人开展良好合作，进行有效的沟通。

28 学时

工作情境描述

某文具公司经过市场调研，新开发设计了高档产品信笺笔座用于参加浙洽会展览。现已安排某企业完成 30 套的生产任务即将交付，在交付之前需将零件送检测组，按照工艺图样要求在 5 天内完成零件的检测，最终提交检测报告。

工作流程与活动

学习活动 1　分析任务要求，制定检测方案

学习活动 2　检测零件，出具检测报告

学习活动 3　展示、评价与总结

学习活动1　分析任务要求，制定检测方案

学习目标

1. 能熟练识读信笺笔座检测任务单，明确本次检测任务的内容。

2. 能通过查阅相关技术文件，明确硬铝的材料牌号和热处理方法。

3. 能通过查阅国家制图标准等相关资料，明确六个基本视图的配置和剖视图的绘制方法。

4. 能识读信笺笔座图样，明确信笺笔座的结构特点、各尺寸精度要求、相关几何公差的含义等。

5. 能通过查阅有关技术文件，根据检测要求合理选择检测信笺笔座所需的量具、量仪与辅具，并能描述所选量具、量仪的规格、精度等级等内容。

6. 能根据检测要求制定合理的检测方案。

建议学时　8学时

学习过程

领取信笺笔座的检测任务单、零件图样，明确本次检测任务的内容，制定检测方案。

一、阅读检测任务单（表4—1—1）

表4—1—1 检测任务单

<table>
<tr><td colspan="2">单位名称</td><td colspan="3">××企业</td><td>完成时间</td><td colspan="2">2013 年 3 月 24 日</td></tr>
<tr><td>序号</td><td>产品名称</td><td>材料</td><td>来料数量</td><td>检测数量</td><td colspan="3">技术标准、质量要求</td></tr>
<tr><td>1</td><td>信笺笔座</td><td>2A12</td><td>30 套</td><td>10 套</td><td colspan="3">按图样要求</td></tr>
<tr><td>2</td><td></td><td></td><td></td><td></td><td colspan="3"></td></tr>
<tr><td>3</td><td></td><td></td><td></td><td></td><td colspan="3"></td></tr>
<tr><td colspan="2">检测批准时间</td><td colspan="2">2013 年 3 月 17 日</td><td>批准人</td><td></td><td></td><td></td></tr>
<tr><td colspan="2">通知任务时间</td><td colspan="2">2013 年 3 月 18 日</td><td>发单人</td><td></td><td></td><td></td></tr>
<tr><td colspan="2">接单时间</td><td colspan="2">2013 年 3 月 19 日</td><td>接单人</td><td></td><td>生产班组</td><td>检测组</td></tr>
</table>

1. 本次检测任务需要检测产品的名称：______________；材料：________________；数量：____________________。

2. 信笺笔座一般用于什么场合，其用途是什么？

3. 用于制作信笺笔座的材料属于什么材料？它具有怎样的物理性能和力学性能？一般用于什么零件的选材？可用何种处理方式进行性能的改善？

4．你认为检测信笺笔座时重点应检测哪些方面的尺寸？

5．本次信笺笔座检测任务的工作周期为多少天？你计划如何分配任务来完成信笺笔座的检测？

二、分析零件图（图4—1—1）

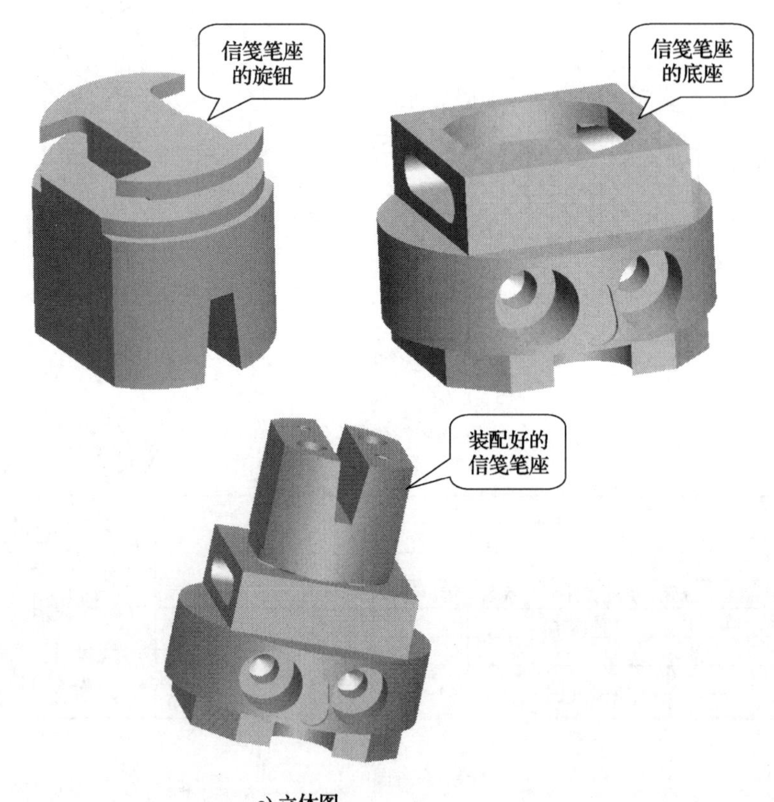

a) 立体图

18
A
A
30
4×R6
(44)
A—A
11°
$20^{+0.084}_{0}$
$6^{+0.12}_{0}$
24±0.1
2×φ$10^{+0.015}_{0}$ ↧15
Ra 1.6
2×M6↧12
22±0.1
φ0.05 B
// 0.2 B
B
Ra 3.2
(φ54)
30
$φ50^{0}_{-0.039}$
6
$4^{0}_{-0.05}$
14
50
Ra 3.2
技术要求
1.锐角倒钝。
2.未注尺寸公差按IT12级加工。
Ra 6.3 (√)
标记 处数 分区 更改文件名 签名 年、月、日
设计 标准化
审批
工艺 批准
2A12
阶段标记 重量 比例
1:1
共 页 第 页
××企业
旋钮
4-001

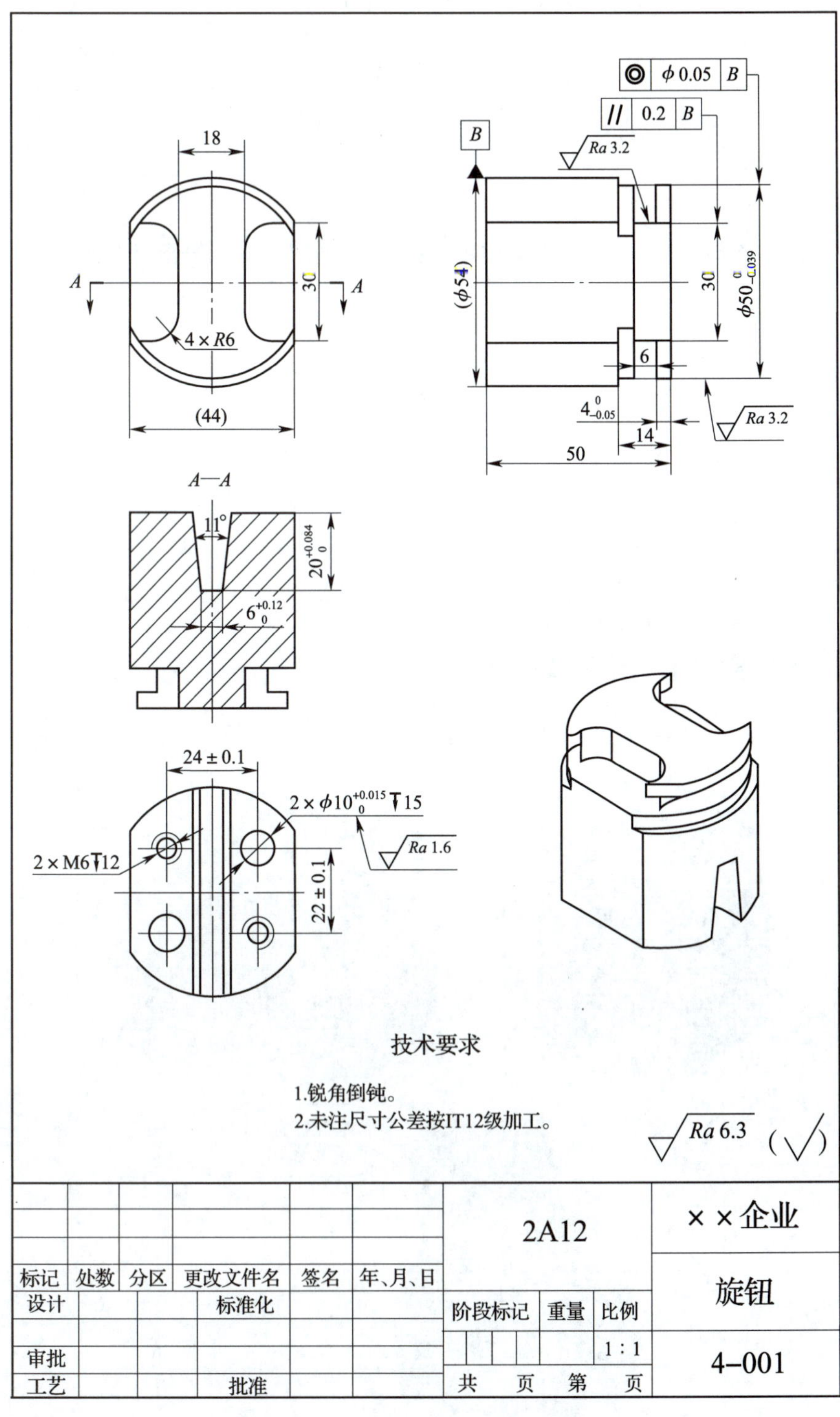

b)旋钮零件图

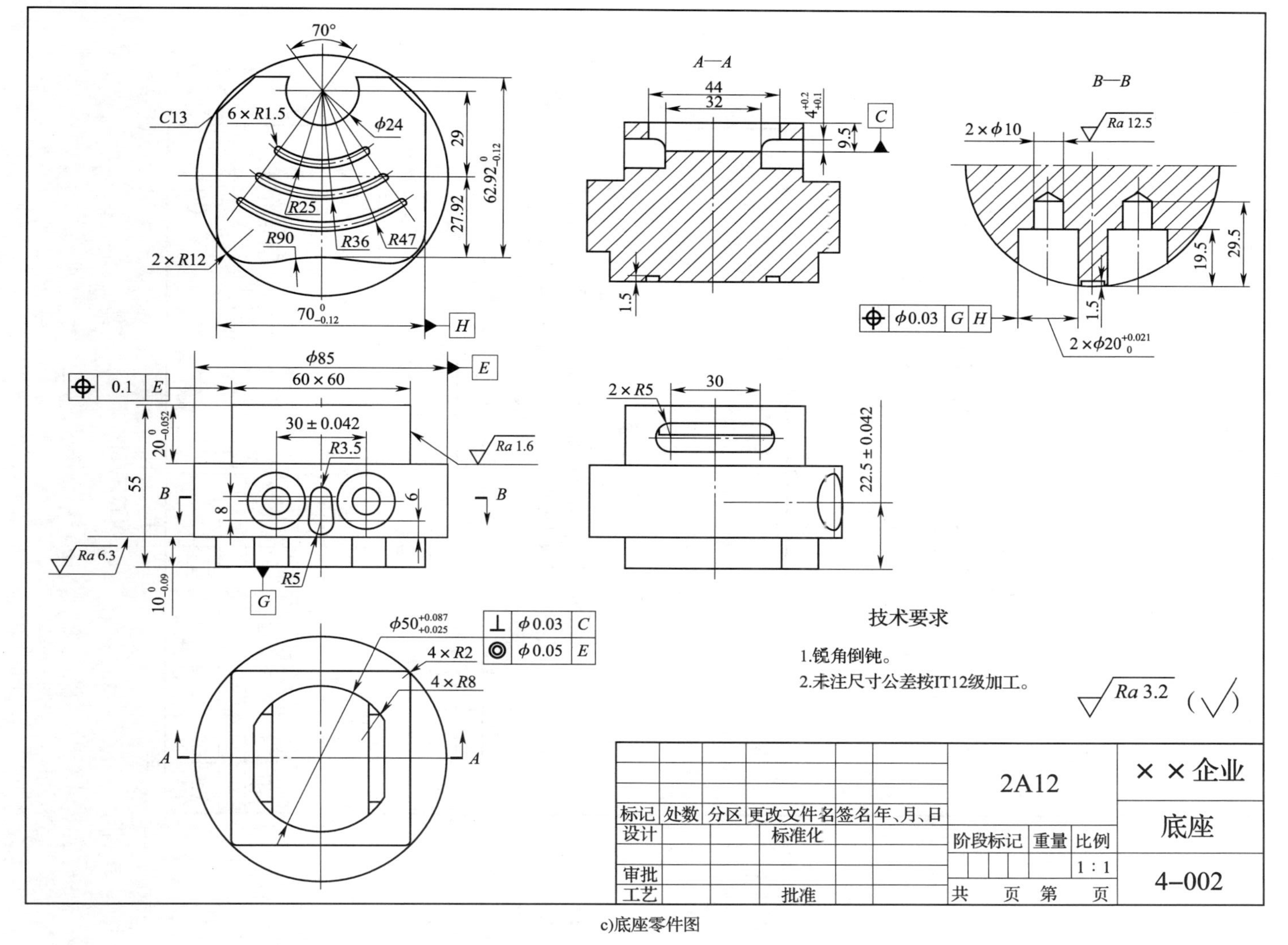

						2A12				××企业
标记	处数	分区	更改文件名	签名	年、月、日					底座
设计			标准化			阶段标记		重量	比例	
									1 : 1	4–002
审批										
工艺			批准			共 页		第 页		

c)底座零件图

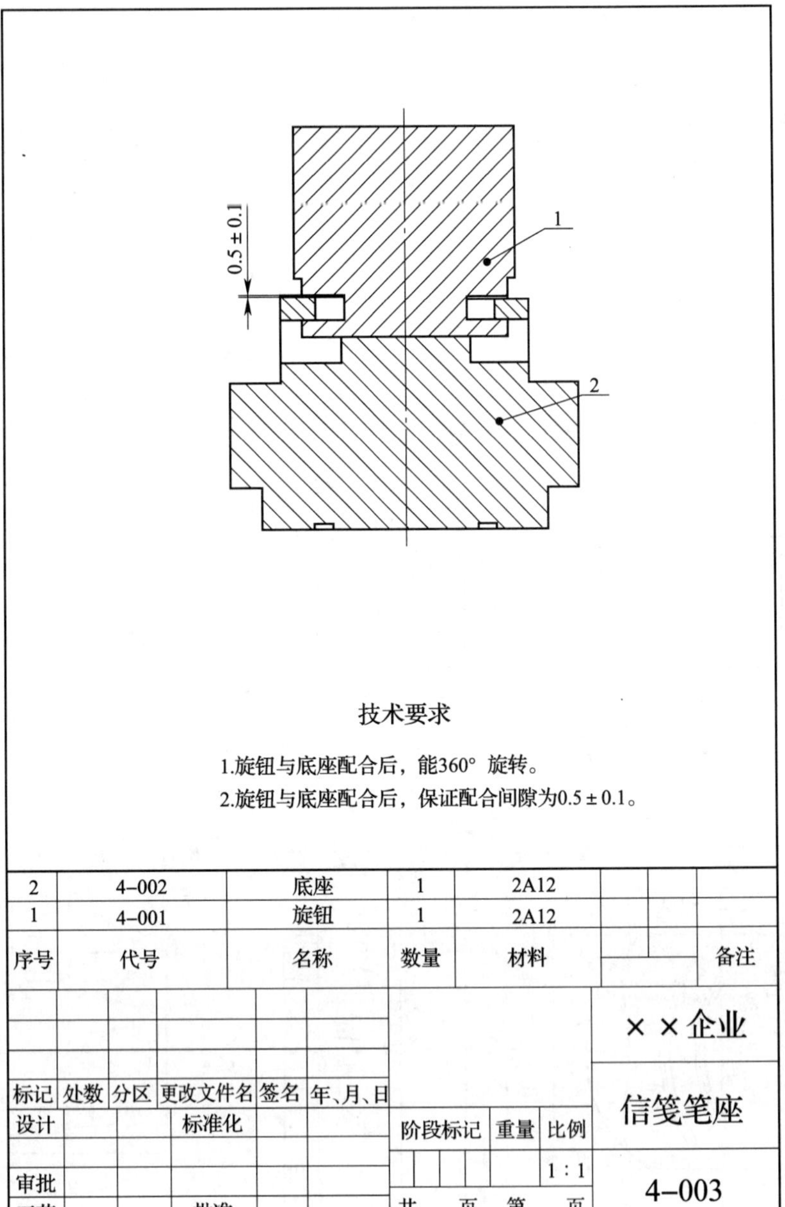

技术要求

1.旋钮与底座配合后，能360° 旋转。
2.旋钮与底座配合后，保证配合间隙为0.5±0.1。

序号	代号	名称	数量	材料			备注
2	4–002	底座	1	2A12			
1	4–001	旋钮	1	2A12			

标记	处数	分区	更改文件名	签名	年、月、日		××企业
设计		标准化				阶段标记 / 重量 / 比例	信笺笔座
						1 : 1	
审批							4–003
工艺		批准				共 页 第 页	

d)信笺笔座装配图

图 4—1—1　信笺笔座

1. 仔细观察图4—1—1，并回答该信笺笔座由哪些表面组成，它们之间的位置关系又是怎样的。

2. 由图4—1—1b所示旋钮零件图样可以看到，为了更清楚地表达一个零件的结构，除了用基本的三视图之外，还可以用六个基本视图来进行完整表达。仔细观察旋钮零件图样，说明其视图的配置情况，并由此归纳第一角视图（图4—1—2a）和第三角视图（图4—1—2b）的布置规律。

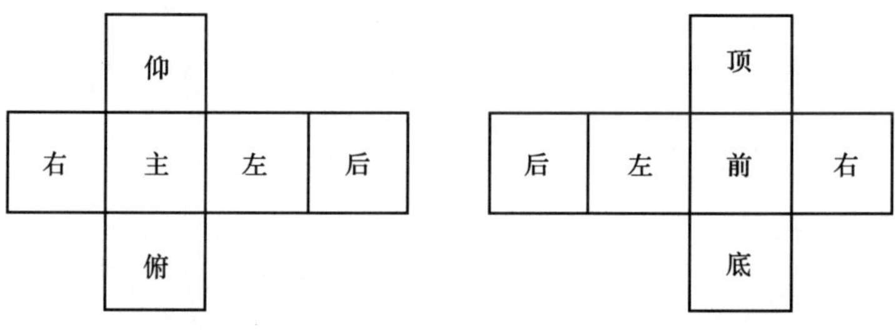

a)第一角视图布置规律　　b)第三角视图布置规律

图4—1—2　视图的布置规律

（1）旋钮零件图样视图配置情况：

（2）第一角视图布置规律：

（3）第三角视图布置规律：

3．设计时为了更清楚地表达一些内部结构，除了用更多的基本视图表达之外，还可以用全剖或半剖视图来表达内部结构，如图4—1—1c所示。仔细观察底座零件图样，说明其视图的配置情况，以及全剖视图和半剖视图的布置规律，并归纳小结剖视图的种类、适用场合及作图要点。

（1）底座零件图样视图配置情况：

（2）全剖视图布置规律：

（3）半剖视图布置规律：

（4）剖视图的种类、适用场合及作图要点（表4—1—2）：

表4—1—2　　剖视图的画法小结

剖视图种类	适用场合	作图要点
全剖视图	适用于外形比较简单、内部结构较为复杂的机件	（1）剖切面应选在机件的对称中心平面处 （2）用剖切符号“—”及箭头和大写字母标明剖切位置和观察方向，并在全剖视图上方加注相应字母“×—×” （3）剖切面后面的不可见轮廓线（虚线）可省略，以保持图形清晰

4．图4—1—1b 所示旋钮零件图中的 $2\times M6 \downarrow 12$ 和 $2\times\phi10^{+0.015}_{0} \downarrow 15$ 各代表什么含义？

（1）$2\times M6 \downarrow 12$ 的含义：

（2）$2\times\phi10^{+0.015}_{0} \downarrow 15$ 的含义：

5．在旋钮零件图样中有两个尺寸“(44)”“(ϕ54)”，你知道为什么要在尺寸数字外加括弧吗？它一般应用在什么场合？

6. 根据信笺笔座图样填写表4—1—3 ~ 表4—1—5，明确本次信笺笔座检测图样中各尺寸的大致公差等级或偏差范围。

表4—1—3　旋钮零件的尺寸要求

序号	尺寸类型	标注尺寸	大致公差等级或偏差范围
1	带偏差尺寸	$\phi 50_{-0.039}^{0}$	
2		$20_{0}^{+0.084}$	
3		$2\times\phi 10_{0}^{+0.015}$	
4		22 ± 0.1	
5		24 ± 0.1	
6		$4_{-0.05}^{0}$	
7		$6_{0}^{+0.12}$	
8	未注公差尺寸（IT12）	50	
9		14	
10		6	
11		30	
12		18	
13		$4\times R6$	
14		11°	

表4—1—4　底座零件的尺寸要求

序号	尺寸类型	标注尺寸	大致公差等级或偏差范围
1	带偏差尺寸	$62.92_{-0.12}^{0}$	
2		30 ± 0.042	
3		$10_{-0.09}^{0}$	
4		$20_{-0.052}^{0}$	

续表

序号	尺寸类型	标注尺寸	大致公差等级或偏差范围
5	带偏差尺寸	$\phi 50^{+0.087}_{+0.025}$	
6		22.5 ± 0.042	
7		$70^{0}_{-0.12}$	
8		$4^{+0.2}_{+0.1}$	
9		$2 \times \phi 20^{+0.021}_{0}$	
10	未注公差尺寸（IT12）	29	
11		27.92	
12		$\phi 24$	
13		$R36$	
14		$R25$	
15		$R90$	
16		$R47$	
17		$2 \times R12$	
18		$6 \times R1.5$	
19		$C13$	
20		$\phi 85$	
21		55	
22		60×60	
23		$R5$	
24		8	
25		6	
26		30	

续表

序号	尺寸类型	标注尺寸	大致公差等级或偏差范围
27	未注公差尺寸（IT12）	$2 \times R5$	
28		9.5	
29		44	
30		32	
31		1.5	
32		29.5	
33		19.5	
34		$2 \times \phi 10$	
35		$4 \times R2$	
36		$4 \times R8$	

表 4—1—5　装配尺寸要求

序号	尺寸类型	标注尺寸	大致公差等级或偏差范围
1	带偏差尺寸	0.5 ± 0.1	

7. 写出信笺笔座旋钮和底座的几何公差要求，并将其对应含义填写在表 4—1—6 中。

表 4—1—6　信笺笔座零件各几何公差的含义

序号	几何公差	几何公差含义
1		
2		
3		
4		
5		

续表

序号	几何公差	几何公差含义
6		
7		
8		
9		

8. 写出信笺笔座零件的表面粗糙度要求，并将其对应含义填写在表4—1—7中。

表4—1—7　　信笺笔座零件各表面粗糙度的含义

序号	表面粗糙度	表面粗糙度含义
1		
2		
3		

9. 测量过程中很重要的一项工作就是合理选用测量基准，使测量基准尽量与设计基准、工艺基准重合。试对照零件图样，列举出测量要素的测量基准。

三、根据检测要求，选择检具

1．旋钮同轴度公差 | ◎ | ϕ0.05 | B | 的检测需要准备哪些检具？画出检测示意图，并说明具体的检测方法和步骤。

（1）所需检具：

（2）检测示意图：

（3）被测要素和基准的特征：

（4）检测方法和具体步骤：

2．旋钮平行度公差 | // | 0.2 | B | 的检测需要准备哪些检具？画出检测示意图，并说明具体的检测方法和步骤。

（1）所需检具：

（2）检测示意图：

（3）被测要素和基准的特征：

（4）检测方法和具体步骤：

3．底座位置度公差 |⌖|$\phi 0.03$|G|H| 的检测需要准备哪些检具？画出检测示意图，并说明具体的检测方法和步骤。

（1）所需检具：

（2）检测示意图：

（3）被测要素和基准的特征：

（4）检测方法和具体步骤：

4．底座同轴度公差 | ◎ | $\phi 0.05$ | E | 的检测需要准备哪些检具？画出检测示意图，并说明具体的检测方法和步骤。

（1）所需检具：

（2）检测示意图：

（3）被测要素和基准的特征：

（4）检测方法和具体步骤：

5. 底座垂直度公差 | ⊥ | ϕ0.03 | C | 的检测需要准备哪些检具？画出检测示意图，并说明具体的检测方法和步骤。

（1）所需检具：

（2）检测示意图：

（3）被测要素和基准的特征：

（4）检测方法和具体步骤：

6. 底座位置度公差 |⌖|0.1|*E*| 的检测需要准备哪些检具？画出检测示意图，并说明具体的检测方法和步骤。

（1）所需检具：

（2）检测示意图：

（3）被测要素和基准的特征：

（4）检测方法和具体步骤：

7．通过小组讨论，根据被检测信笺笔座图样的检测项目确定本任务需要用到的量具，并将其规格、精度等级填写在表4—1—8中。

表4—1—8　　信笺笔座检测所需量具

检测项目	量具（仪器）	规格	精度等级

四、制定检测方案（表 4—1—9 ~ 表 4—1—11）

表 4—1—9　　　　信笺笔座旋钮检测方案

<table>
<tr><td rowspan="2" colspan="2"></td><td rowspan="2" colspan="2">检测卡片</td><td>产品型号</td><td></td><td>零件图号</td><td></td></tr>
<tr><td>产品名称</td><td></td><td>零件名称</td><td></td></tr>
<tr><td>工序号</td><td>工序名称</td><td>车间</td><td rowspan="2">检测项目</td><td rowspan="2">技术要求</td><td rowspan="2">检测手段</td><td rowspan="2">检测方案</td><td rowspan="2">检测操作要求</td></tr>
<tr><td></td><td></td><td></td></tr>
<tr><td rowspan="8" colspan="3">（旋钮零件图）</td><td></td><td></td><td></td><td></td><td></td></tr>
<tr><td></td><td></td><td></td><td></td><td></td></tr>
<tr><td></td><td></td><td></td><td></td><td></td></tr>
<tr><td></td><td></td><td></td><td></td><td></td></tr>
<tr><td></td><td></td><td></td><td></td><td></td></tr>
<tr><td></td><td></td><td></td><td></td><td></td></tr>
<tr><td></td><td></td><td></td><td></td><td></td></tr>
<tr><td></td><td></td><td></td><td></td><td></td></tr>
</table>

续表

工序号	工序名称	车间	检测项目	技术要求	检测手段	检测方案	检测操作要求
（旋钮零件图）							
					编制（日期）	审核（日期）	会签（日期）	批准（日期）
标记	处数	更改文件号	签字	日期				

表 4—1—10　　信笺笔座底座检测方案

<table>
<tr><td colspan="2"></td><td colspan="2" rowspan="2">检测卡片</td><td>产品型号</td><td></td><td>零件图号</td><td></td></tr>
<tr><td colspan="2"></td><td>产品名称</td><td></td><td>零件名称</td><td></td></tr>
<tr><td>工序号</td><td>工序名称</td><td>车间</td><td rowspan="2">检测项目</td><td rowspan="2">技术要求</td><td rowspan="2">检测手段</td><td rowspan="2">检测方案</td><td rowspan="2">检测操作要求</td></tr>
<tr><td></td><td></td><td></td></tr>
<tr><td colspan="3" rowspan="8">（底座零件图）</td><td></td><td></td><td></td><td></td><td></td></tr>
<tr><td></td><td></td><td></td><td></td><td></td></tr>
<tr><td></td><td></td><td></td><td></td><td></td></tr>
<tr><td></td><td></td><td></td><td></td><td></td></tr>
<tr><td></td><td></td><td></td><td></td><td></td></tr>
<tr><td></td><td></td><td></td><td></td><td></td></tr>
<tr><td></td><td></td><td></td><td></td><td></td></tr>
<tr><td></td><td></td><td></td><td></td><td></td></tr>
</table>

续表

<table>
<tr><td>工序号</td><td>工序名称</td><td>车间</td><td rowspan="2">检测项目</td><td rowspan="2">技术要求</td><td rowspan="2">检测手段</td><td rowspan="2">检测方案</td><td rowspan="2">检测操作要求</td></tr>
<tr><td></td><td></td><td></td></tr>
<tr><td colspan="3" rowspan="8">（底座零件图）</td><td></td><td></td><td></td><td></td><td></td></tr>
<tr><td></td><td></td><td></td><td></td><td></td></tr>
<tr><td></td><td></td><td></td><td></td><td></td></tr>
<tr><td></td><td></td><td></td><td></td><td></td></tr>
<tr><td></td><td></td><td></td><td></td><td></td></tr>
<tr><td></td><td></td><td></td><td></td><td></td></tr>
<tr><td></td><td></td><td></td><td></td><td></td></tr>
<tr><td></td><td></td><td></td><td></td><td></td></tr>
</table>

<table>
<tr><td></td><td></td><td></td><td></td><td></td><td>编制（日期）</td><td>审核（日期）</td><td>会签（日期）</td><td>批准（日期）</td></tr>
<tr><td></td><td></td><td></td><td></td><td></td><td rowspan="2"></td><td rowspan="2"></td><td rowspan="2"></td><td rowspan="2"></td></tr>
<tr><td>标记</td><td>处数</td><td>更改文件号</td><td>签字</td><td>日期</td></tr>
</table>

表 4—1—11

信笺笔座装配件检测方案

	检测卡片		产品型号		零件图号		
			产品名称		零件名称		
工序号	工序名称	车间	检测项目	技术要求	检测手段	检测方案	检测操作要求
（信笺笔座装配图）							

					编制（日期）	审核（日期）	会签（日期）	批准（日期）
标记	处数	更改文件号	签字	日期				

评价与分析

学习活动 1 评价表

班级__________ 学生姓名__________ 学号__________

项目	自我评价			小组评价			教师评价		
	10～9	8～6	5～1	10～9	8～6	5～1	10～9	8～6	5～1
	占总评 10%			占总评 30%			占总评 60%		
信笺笔座图样分析									
收集信息									
量具选择									
检测方案的制定									
学习主动性									
协作精神									
工作态度									
纪律观念									
表达能力									
工作页质量									
小计									
总评									

任课教师：__________ 年 月 日

学习活动 2　检测零件，出具检测报告

学习目标

1. 能熟练使用量具对信笺笔座的主要尺寸和表面粗糙度进行检测，并准确记录测量结果。

2. 能规范使用量具对信笺笔座的几何公差进行检测。

3. 能规范填写信笺笔座测量记录卡，并对信笺笔座测量记录卡进行综合分析，形成信笺笔座检测报告。

4. 能对不合格品产生原因进行简单分析，并提出返修意见。

5. 能按检测室现场管理规定和产品工艺流程的要求，正确放置信笺笔座零件、检测用量具等。

建议学时　16 学时

学习过程

一、准备量具及辅具

填写量具及辅具清单（表 4—2—1）并领取所需量具及辅具。

表 4—2—1　　量具及辅具清单

序号	量具及辅具名称	规格	精度	数量	量具是否完好
1					
2					

续表

序号	量具及辅具名称	规格	精度	数量	量具是否完好
3					
4					
5					
6					
7					
8					
9					
10					
11					
12					
13					
14					
15					

二、检测信笺笔座零件，填写测量记录卡（表4—2—2～表4—2—4）

表4—2—2　　旋钮测量记录卡

序号	项目	第1次	第2次	第3次	平均值	结论
1	$\phi 50_{-0.039}^{0}$					
2	$20_{0}^{+0.084}$					
3	$2\times\phi 10_{0}^{+0.015}$					
4	22±0.1					
5	24±0.1					
6	$4_{-0.05}^{0}$					
7	$6_{0}^{+0.12}$					
8	50					
9	14					
10	6					
11	30					
12	18					
13	4×R6					
14	M6（2处）					
15	11°					
16	◎ | ϕ0.05 | B					
17	// | 0.2 | B					

序号	项目	被测面	要求值	实际值	被测面	要求值	实际值
18	表面粗糙度	44左平面	Ra6.3		50下平面	Ra6.3	
		44右平面			30槽面		
		11°槽侧面			$\phi 50_{-0.039}^{0}$外圆	Ra3.2	
		11°槽底面			30两侧面		
		50上平面			$2\times\phi 10_{0}^{+0.015}$内孔	Ra1.6	
表面粗糙度检测结论							

表4—2—3　　底座测量记录卡

序号	项目	第1次	第2次	第3次	平均值	结论
1	$62.92_{-0.12}^{0}$					
2	30 ± 0.042					
3	$10_{-0.09}^{0}$					
4	$20_{-0.052}^{0}$					
5	$\phi 50_{+0.025}^{+0.087}$					
6	22.5 ± 0.042					
7	$70_{-0.12}^{0}$					
8	$4_{+0.1}^{+0.2}$					
9	$2 \times \phi 20_{0}^{+0.021}$					
10	29					
11	27.92					
12	$\phi 24$					
13	$R36$					
14	$R25$					
15	$R90$					
16	$R47$					
17	$2 \times R12$					
18	$6 \times R1.5$					
19	$C13$					
20	$\phi 85$					
21	55					
22	60×60					
23	$R5$					
24	8					
25	6					

续表

序号	项目	第 1 次	第 2 次	第 3 次	平均值	结论
26	30					
27	$2\times R5$					
28	9.5					
29	44					
30	32					
31	1.5					
32	29.5					
33	19.5					
34	$2\times\phi10$					
35	$4\times R2$					
36	$4\times R8$					
37	⌖ | $\phi0.03$ | G | H					
38	⌖ | 0.1 | E					
39	◎ | $\phi0.05$ | E					
40	⊥ | $\phi0.03$ | C					

序号	项目	被测面	要求值	实际值	被测面	要求值	实际值
41	表面粗糙度	$2\times\phi10$ 内孔	$Ra12.5$		$2\times\phi20^{+0.021}_{0}$ 内孔	$Ra3.2$	
		60×60 四侧面	$Ra1.6$		$20^{0}_{-0.052}$ 下平面		
		55 上平面	$Ra3.2$		$\phi85$ 外圆		
		55 下平面			$70^{0}_{-0.12}$ 两侧面		
		$\phi50^{+0.087}_{+0.025}$ 外圆					
表面粗糙度检测结论							

表 4—2—4　　旋钮和底座配合后测量记录卡

序号	项目	第 1 次	第 2 次	第 3 次	平均值	结论
1	0. 5 ±0. 1					

三、撰写信笺笔座检测报告（表 4—2—5），综合结论分析

表 4—2—5　　信笺笔座检测报告

<table>
<tr><th colspan="3">零件名称</th><th>型号规格</th><th>数量</th><th>抽检比例</th><th>抽检数量</th></tr>
<tr><td colspan="3"></td><td></td><td></td><td></td><td></td></tr>
<tr><td>序号</td><td colspan="2">检测项目</td><td colspan="2">技术要求</td><td>实测合格</td><td>检测员</td></tr>
<tr><td>1</td><td rowspan="5">旋钮</td><td>外观质量</td><td colspan="2">产品不得有损伤、变形和锈蚀等</td><td></td><td></td></tr>
<tr><td>2</td><td>表面粗糙度</td><td colspan="2">符合图样的要求</td><td></td><td></td></tr>
<tr><td>3</td><td>几何尺寸</td><td colspan="2">符合图样的要求</td><td></td><td></td></tr>
<tr><td>4</td><td>同轴度</td><td colspan="2">符合图样的要求</td><td></td><td></td></tr>
<tr><td>5</td><td>平行度</td><td colspan="2">符合图样的要求</td><td></td><td></td></tr>
<tr><td>6</td><td rowspan="7">底座</td><td>外观质量</td><td colspan="2">产品不得有损伤、变形和锈蚀等</td><td></td><td></td></tr>
<tr><td>7</td><td>表面粗糙度</td><td colspan="2">符合图样的要求</td><td></td><td></td></tr>
<tr><td>8</td><td>几何尺寸</td><td colspan="2">符合图样的要求</td><td></td><td></td></tr>
<tr><td>9</td><td>垂直度</td><td colspan="2">符合图样的要求</td><td></td><td></td></tr>
<tr><td>10</td><td>同轴度</td><td colspan="2">符合图样的要求</td><td></td><td></td></tr>
<tr><td>11</td><td>位置度（ϕ0. 03）</td><td colspan="2">符合图样的要求</td><td></td><td></td></tr>
<tr><td>12</td><td>位置度（0. 1）</td><td colspan="2">符合图样的要求</td><td></td><td></td></tr>
<tr><td>13</td><td rowspan="2">信笺笔座</td><td>配合间隙</td><td colspan="2">符合图样的要求</td><td></td><td></td></tr>
<tr><td>14</td><td>性能</td><td colspan="2">能 360°旋转</td><td></td><td></td></tr>
<tr><td colspan="5">检测结论</td><td></td><td></td></tr>
</table>

产生不合格品的情况分析（零件返修后是否可用）：

检测结论：

检测员：　　　　　　日期：

注：实测合格以“√”表示。

四、检测完毕，整理现场

1．在测量信笺笔座旋钮和底座零件时涉及了哪些主要量具的使用？它们的维护保养方法是怎样的？

2．经检测合格的信笺笔座产品你是如何放置的？不合格品又是如何处理的？

（1）合格品的放置：

（2）不合格品的处理：

3．你能否遵守本次测量任务的安全操作规程？有哪些方面需要改进？

评价与分析

学习活动 2 评价表

班级__________　　　　学生姓名__________　　　　学号__________

项目	自我评价			小组评价			教师评价		
	10～9	8～6	5～1	10～9	8～6	5～1	10～9	8～6	5～1
	占总评 10%			占总评 30%			占总评 60%		
检测过程规范性									
检测报告									
整理现场									
回答问题									
学习主动性									
协作精神									
工作态度									
纪律观念									
表达能力									
工作页质量									
小计									
总评									

任课教师：__________________　　　　年　　月　　日

学习活动 3　展示、评价与总结

学习目标

1. 能按分组情况，分别派代表展示工作成果，说明本次任务的完成情况，并作分析总结。

2. 能结合自身任务完成情况，正确规范地撰写工作总结，内容详实。

3. 能就本次任务中出现的问题提出改进措施。

4. 了解圆度仪的使用场合、类型和结构等。

建议学时　4 学时

学习过程

一、展示评价（个人、小组评价）

把个人的检测报告先进行分组展示，再由小组推荐代表作必要的介绍。在展示的过程中，以小组为单位进行评价；评价完成后，根据其他组成员对本组展示成果的评价意见进行归纳总结。完成如下项目：

1. 展示的检测报告真实可靠、完整准确吗？

很好□　　一般□　　不准确□

2. 本小组介绍成果表达是否清晰？

很好□　　一般，常补充□　　不清晰□

3. 本小组演示的信笺笔座检测方法操作正确吗？

正确□　　部分正确□　　不正确□

4. 本小组演示操作时遵循了“5S”的工作要求吗？

符合工作要求□　　　　忽略了部分要求□　　　　完全没有遵循□

5. 本小组的检测量具、量仪保养完好吗?

良好□　　　　一般□　　　　不合要求□

6. 本小组的成员团队创新精神如何?

良好□　　　　一般□　　　　不足□

二、教师评价

教师对展示的检测报告分别作评价。

1. 找出各组的优点进行点评。

2. 对展示过程中各组的缺点进行点评，提出改进方法。

3. 对整个任务完成中出现的亮点和不足进行点评。

三、总结提升

1. 在检测过程中你遇到了哪些问题? 是什么原因导致的? 你的改进措施是什么?

2. 如果你的某些检测数据出现偏差，应如何减小? 提出你的意见。

3. 结合自身任务完成情况，通过交流讨论等方式较全面规范地撰写本次任务的工作总结。

工作总结（心得体会）

4. 在本次信笺笔座检测任务中涉及了较多的几何误差的检测，如同轴度、垂直度等，这些误差也可用圆度仪进行检测，如图 4—3—1 所示。试通过网络查询或查阅相关技术文件等资讯方式，明确圆度仪的类型、使用场合、总体结构、主要技术规格与精度等内容。

图 4—3—1　圆度仪

（1）圆度仪的类型：

（2）圆度仪的使用场合：

（3）圆度仪的总体结构：

（4）圆度仪的主要技术规格与精度：

5. 对照几何公差项目表（表4—3—1），看一看你还有哪些几何公差没有检测过，列举出来，并通过查阅资料表述其检测方法。

表4—3—1　　几何公差项目表

公差类型	几何特征	符号	公差类型	几何特征	符号
形状公差	直线度	—	方向公差	面轮廓度	⌓
	平面度	▱	位置公差	位置度	⌖
	圆度	○		同心度（用于中心点）	◎
	圆柱度	⌭		同轴度（用于轴线）	◎
	线轮廓度	⌒		对称度	⌯
	面轮廓度	⌓		线轮廓度	⌒
方向公差	平行度	//		面轮廓度	⌓
	垂直度	⊥	跳动公差	圆跳动	↗
	倾斜度	∠		全跳动	⌰
	线轮廓度	⌒			

评价与分析

学习任务四评价表

班级__________ 学生姓名__________ 学号__________

项目	自我评价			小组评价			教师评价		
	10 ~ 9	8 ~ 6	5 ~ 1	10 ~ 9	8 ~ 6	5 ~ 1	10 ~ 9	8 ~ 6	5 ~ 1
	占总评 10%			占总评 30%			占总评 60%		
学习活动 1									
学习活动 2									
学习活动 3									
表达能力									
协作精神									
纪律观念									
工作态度									
分析能力									
操作规范性									
任务总体表现									
小计									
总评									

任课教师：__________________ 年 月 日